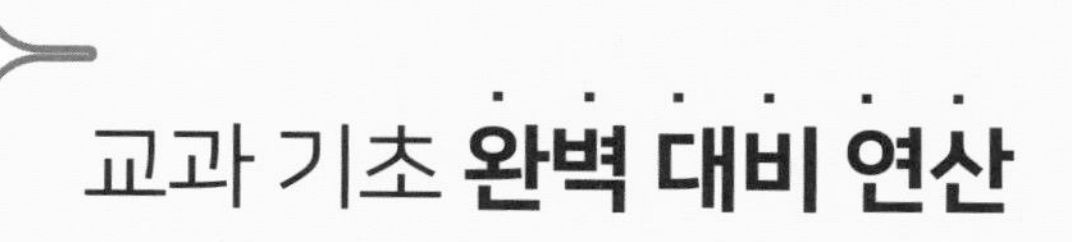

교과 기초 완벽 대비 연산

초등

2학년 2학기

교과셈

책을 내면서

연산은 교과 학습의 시작

효율적인 교과 학습을 위해서 반복 연습이 필요한 연산은 미리 연습되는 것이 좋습니다. 교과 수학을 공부할 때 새로운 개념과 생각하는 방법에 집중해야 높은 성취도를 얻을 수 있습니다. 새로운 내용을 배우면서 반복 연습이 필요한 내용은 학생들의 생각을 방해하거나 학습 속도를 늦추게 되어 집중해야 할 순간에 집중할 수 없는 상황이 되어 버립니다. 이 책은 교과 수학 공부를 대비하여 공부할 때 최고의 도움이 되도록 했습니다.

원리와 개념을 익히고 반복 연습

원리와 개념을 익히면서 연습을 하면 계산력뿐만 아니라 상황에 맞는 연산 방법을 선택할 수 있는 힘을 키울 수 있고, 교과 학습에서 연산과 관련된 원리 학습을 쉽게 이해할 수 있습니다. 숫자와 기호만 반복하는 경우에 수 연산 관련 문제가 요구하는 내용을 파악하지 못하여 계산은 할 줄 알지만 식을 세울 수 없는 경우들이 있습니다. 수학은 결과뿐 아니라 과정도 중요한 학문입니다.

사칙 연산을 넘어 반복이 필요한 전 영역 학습

사칙 연산이 연습이 제일 많이 필요하긴 하지만 도형의 공식도 연산이 필요하고, 대각선의 개수를 구할 때나 시간을 계산할 때도 연산이 필요합니다. 전통적인 연산은 아니지만 계산력을 키우기 위한 반복 연습이 필요합니다. 이 책은 학기별로 반복 연습이 필요한 전 영역을 공부하도록 하고, 어떤 식을 세워서 해결해야 하는지 이해하고 연습하도록 원리를 이해하는 과정을 다루고 있습니다.

다양한 접근 방법

수학의 풀이 방법이 한 가지가 아니듯 연산도 상황에 따라 더 합리적인 방법이 있습니다. 한 가지 방법만 반복하는 것은 수 감각을 키우는데 한계를 정해 놓고 공부하는 것과 같습니다. 반복 연습이 필요한 내용은 정확하고, 빠르게 해결하기 위한 감각을 키우는 학습입니다. 그럴수록 다양한 방법을 익히면서 공부해야 간결하고, 합리적인 방법으로 답을 찾아낼 수 있습니다.

올바른 연산 학습의 시작은 교과 학습의 완성도를 높여 줍니다. 교과셈을 통해서 효율적인 수학 공부를 할 수 있도록 하세요.

지은이 천종현

교과셈

특징

1. 교과셈 한 권으로 교과 전 영역 기초 완벽 준비!

사칙 연산을 포함하여 반복 연습이 필요한 교과 전 영역을 다룹니다.

2. 원리의 이해부터 실전 연습까지!

원리의 이해부터 실전 문제 풀이까지 쉽고 확실하게 학습할 수 있습니다.

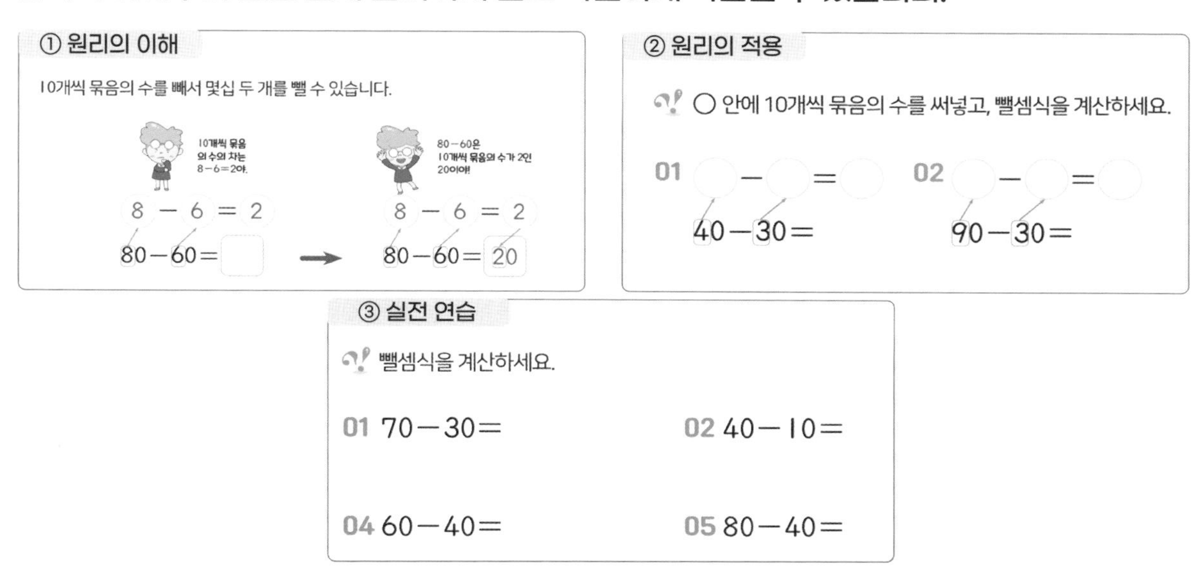

3. 다양한 연산 방법 연습!

다양한 연산 방법을 연습하면서 수를 다루는 감각도 키우고,
상황에 맞춘 더 정확하고 빠른 계산을 할 수 있도록 하였습니다.

뺄셈을 하더라도 두 가지 방법
모두 배우면 더 빠르고 정확하게
계산할 수 있어요!

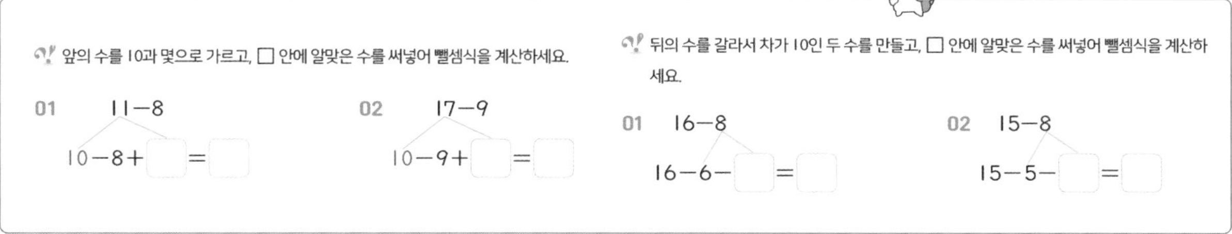

교과셈이 추천하는

학습 계획

한 권의 교재는 32개 강의로 구성

한 개의 강의는 두 개 주제로 구성

매일 한 강의씩, 또는 한 개 주제씩 공부해 주세요.

매일 한 개 강의씩 공부한다면 32일 완성 과정

복습을 하거나, 빠르게 책을 끝내고 싶은 아이들에게 추천합니다.

매일 한 개 주제씩 공부한다면 64일 완성 과정

하루 한 장 꾸준히 하고 싶은 아이들에게 추천합니다.

성취도 확인표, 이렇게 확인하세요!

교과셈 6학년 1학기

2 PART 소수의 나눗셈

차시별로 정답률을 확인하고, 성취도에 ○표 하세요.

80% 이상 맞혔어요. 60%~80% 맞혔어요. 60% 이하 맞혔어요.

차시	단원	성취도
8	몫이 소수인 자연수의 나눗셈 세로셈	
9	몫이 소수인 자연수의 나눗셈 세로셈 연습	
10	몫이 소수인 자연수의 나눗셈 이해	
11	(소수)÷(자연수) 세로셈	
12	(소수)÷(자연수) 세로셈 연습 1	
13	(소수)÷(자연수) 세로셈 연습 2	
14	(소수)÷(자연수) 이해	
15	소수의 나눗셈 어림하기	
16	소수의 나눗셈 연습 1	
17	소수의 나눗셈 연습 2	

속도보다는 정확도가 중요하고, 정확도보다는 꾸준한 학습이 중요합니다! 꾸준히 할 수 있도록 하루 학습량을 적절하게 설정하여 꾸준히, 그리고 더 정확하게 풀면서 마지막으로 학습 속도도 높여 주세요!

채점하고 정답률을 계산해 성취도 확인표에 표시해 주세요. 복습할 때 정답률이 낮은 부분 위주로 하시면 됩니다. 한 장에 10분을 목표로 진행합니다. 단, 풀이 속도보다는 정답률을 높이는 것을 목표로 하여 학습을 지도해 주세요!

교과셈 2학년 2학기

연계 교과

단원	연계 교과 단원	학습 내용
Part **1** 곱셈구구	2학년 2학기 · 2단원 곱셈구구	· 2, 4의 단 곱셈구구 · 5, 9의 단 곱셈구구 · 3, 6의 단 곱셈구구 · 7, 8의 단 곱셈구구 POINT 곱셈구구는 모든 곱셈의 기초이기 때문에 노래 부르듯이 자연스럽게 암기하도록 학습하는 것이 중요합니다.
Part **2** 곱셈식의 □ 구하기	2학년 2학기 · 2단원 곱셈구구	· 벌레 먹은 곱셈 · 곱셈표 완성하기 POINT 벌레 먹은 곱셈을 완성하면서 곱셈구구를 완벽하게 숙지했는지 확인합니다.
Part **3** 길이의 계산	2학년 2학기 · 3단원 길이 재기	· 길이와 그 단위(m와 cm) · 받아올림이 없는 길이의 덧셈 · 받아올림이 있는 길이의 덧셈 · 받아내림이 없는 길이의 뺄셈 · 받아내림이 있는 길이의 뺄셈 POINT 단위의 개념을 잡고 길이를 계산하는 기초를 단단히 합니다.
Part **4** 시각과 시간의 계산	2학년 2학기 · 4단원 시각과 시간	· 시각과 시간의 개념 · 몇 분/몇 시간 몇 분 후의 시각 계산 · 시각과 시각 사이의 시간 계산 · 오전/오후가 바뀌는 시간 계산 · 날짜가 바뀌는 시간 계산 POINT 3학년 교과 과정에서 배우는 시각과 시간의 계산은 받아올림/받아내림의 논리로 식을 풀듯이 하지만, 2학년의 시각과 시간의 계산은 시간의 흐름에 대한 양감을 익히는 것이 중요합니다. 1시간, 오전·오후, 하루에 대한 기준을 이용하여 시간의 흐름에 따라 계산합니다.

교과셈

자세히 보기

원리의 이해

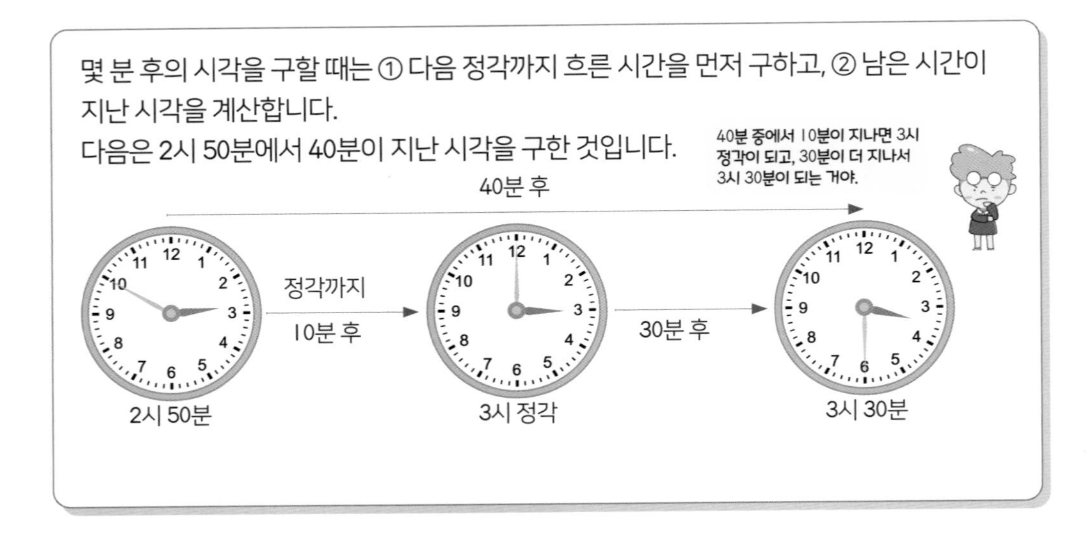

식뿐만 아니라 그림도 최대한 활용하여 개념과 원리를 쉽게 이해할 수 있도록 하였습니다. 또한 캐릭터의 설명으로 원리에서 핵심만 요약했습니다.

단계화된 연습

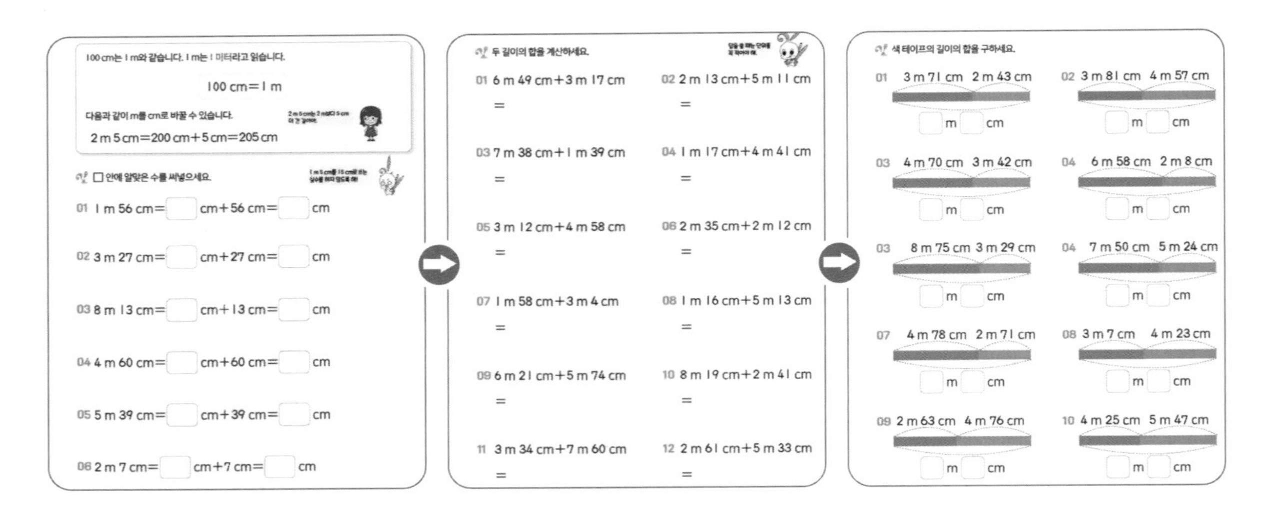
100 cm는 1 m와 같습니다. 1 m는 1 미터라고 읽습니다.

100 cm=1 m

다음과 같이 m를 cm로 바꿀 수 있습니다.

2 m 5 cm=200 cm+5 cm=205 cm

□ 안에 알맞은 수를 써넣으세요.

01 1 m 56 cm=□cm+56 cm=□cm
02 3 m 27 cm=□cm+27 cm=□cm
03 8 m 13 cm=□cm+13 cm=□cm
04 4 m 60 cm=□cm+60 cm=□cm
05 5 m 39 cm=□cm+39 cm=□cm
06 2 m 7 cm=□cm+7 cm=□cm

두 길이의 합을 계산하세요.

01 6 m 49 cm+3 m 17 cm =
02 2 m 13 cm+5 m 11 cm =
03 7 m 38 cm+1 m 39 cm =
04 1 m 17 cm+4 m 41 cm =
05 3 m 12 cm+4 m 58 cm =
06 2 m 35 cm+2 m 12 cm =
07 1 m 58 cm+3 m 4 cm =
08 1 m 16 cm+5 m 13 cm =
09 6 m 21 cm+5 m 74 cm =
10 8 m 19 cm+2 m 41 cm =
11 3 m 34 cm+7 m 60 cm =
12 2 m 61 cm+5 m 33 cm =

색 테이프의 길이의 합을 구하세요.

01 3 m 71 cm 2 m 43 cm □m□cm
02 3 m 81 cm 4 m 57 cm □m□cm
03 4 m 70 cm 3 m 42 cm □m□cm
04 6 m 58 cm 2 m 8 cm □m□cm
05 8 m 75 cm 3 m 29 cm □m□cm
06 7 m 50 cm 5 m 24 cm □m□cm
07 4 m 78 cm 2 m 71 cm □m□cm
08 3 m 7 cm 4 m 23 cm □m□cm
09 2 m 63 cm 4 m 76 cm □m□cm
10 4 m 25 cm 5 m 47 cm □m□cm

처음에는 원리에 따른 연산 방법을 따라서 연습하지만, 풀이 과정을 단계별로 단순화하고, 실전 연습까지 이어집니다.

다양한 연습

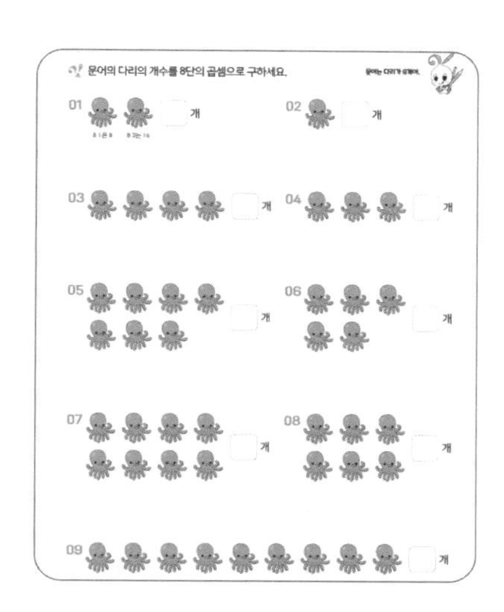

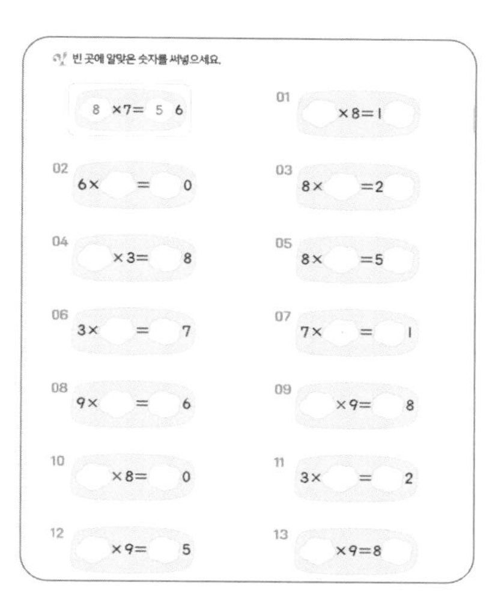

전형적인 형태의 연습 문제 위주로 집중 연습을 하지만 여러 형태의 문제도 다루면서 지루함을 최소화하도록 구성했습니다.

교과 확인

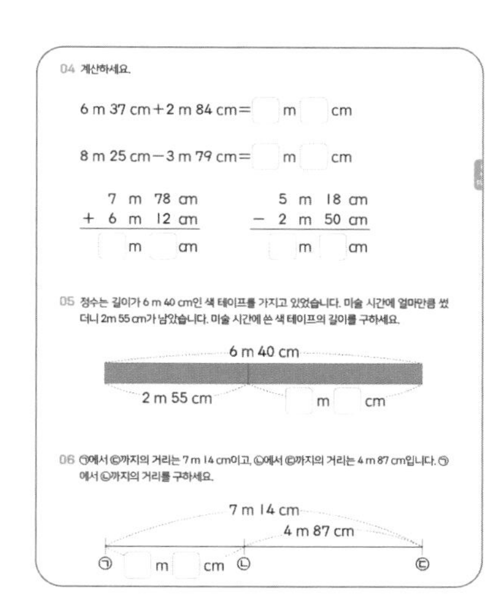

교과 유사 문제를 통해 성취도도 확인하고 교과 내용의 흐름도 파악합니다.

재미있는 퀴즈

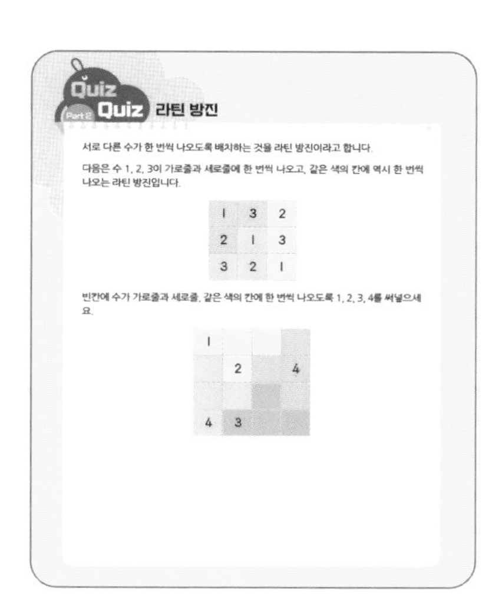

학년별 수준에 맞춘 알쏭달쏭 퀴즈를 풀면서 주위를 환기하고 다음 단원, 다음 권을 준비합니다.

교과셈

전체 단계

단계	Part	내용
1-1	Part 1	9까지의 수
	Part 2	모으기, 가르기
	Part 3	덧셈과 뺄셈
	Part 4	받아올림과 받아내림의 기초
1-2	Part 1	100까지의 수
	Part 2	두 자리 수 덧셈, 뺄셈의 기초
	Part 3	(몇)+(몇)=(십몇)
	Part 4	(십몇)−(몇)=(몇)
2-1	Part 1	두 자리 수의 덧셈
	Part 2	두 자리 수의 뺄셈
	Part 3	덧셈과 뺄셈의 관계
	Part 4	곱셈
2-2	Part 1	곱셈구구
	Part 2	곱셈식의 □ 구하기
	Part 3	길이의 계산
	Part 4	시각과 시간의 계산
3-1	Part 1	덧셈과 뺄셈
	Part 2	나눗셈
	Part 3	곱셈
	Part 4	길이와 시간의 계산
3-2	Part 1	곱셈
	Part 2	나눗셈
	Part 3	분수
	Part 4	들이와 무게
4-1	Part 1	각도
	Part 2	곱셈
	Part 3	나눗셈
	Part 4	규칙이 있는 계산
4-2	Part 1	분수의 덧셈과 뺄셈
	Part 2	소수의 덧셈과 뺄셈
	Part 3	다각형의 변과 각
	Part 4	가짓수 구하기와 다각형의 각
5-1	Part 1	자연수의 혼합 계산
	Part 2	약수와 배수
	Part 3	약분과 통분, 분수의 덧셈과 뺄셈
	Part 4	다각형의 둘레와 넓이
5-2	Part 1	수의 범위와 어림하기
	Part 2	분수의 곱셈
	Part 3	소수의 곱셈
	Part 4	평균 구하기
6-1	Part 1	분수의 나눗셈
	Part 2	소수의 나눗셈
	Part 3	비와 비율
	Part 4	직육면체의 부피와 겉넓이
6-2	Part 1	분수의 나눗셈
	Part 2	소수의 나눗셈
	Part 3	비례식과 비례배분
	Part 4	원주와 원의 넓이

곱셈구구

차시별로 정답률을 확인하고, 성취도에 O표 하세요.

80% 이상 맞혔어요. 60% ~ 80% 맞혔어요. 60% 이하 맞혔어요.

차시	단원	성취도
1	2, 4의 단 곱셈구구 1	
2	2, 4의 단 곱셈구구 2	
3	5, 9의 단 곱셈구구 1	
4	5, 9의 단 곱셈구구 2	
5	3, 6의 단 곱셈구구 1	
6	3, 6의 단 곱셈구구 2	
7	7, 8의 단 곱셈구구 1	
8	7, 8의 단 곱셈구구 2	
9	1과 0의 곱	

노래 부르듯이 연습하여 곱셈구구를 외워 보세요.

A 2의 단 곱셈을 배워요

공의 개수를 나타낸 2의 단 곱셈의 결과를 쓰세요.

2 1은 2

$2 \times 1 =$ □

곱셈을 생략하고 이 일은 이, 이 이는 사,
이 삼은 육과 같이 읽으면서 외워 보자!

  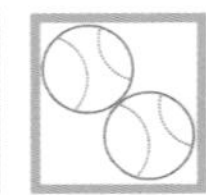 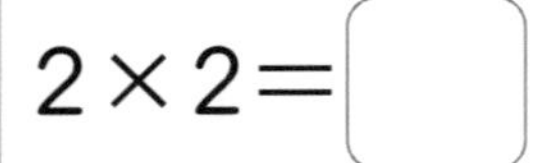

2 1은 2 2 2는 4

$2 \times 2 =$ □

   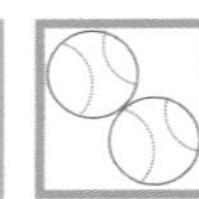 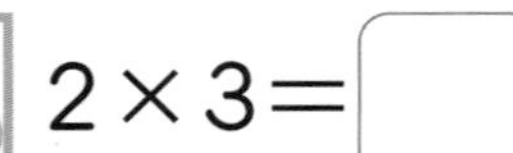

2 1은 2 2 2는 4 2 3은 6

$2 \times 3 =$ □

   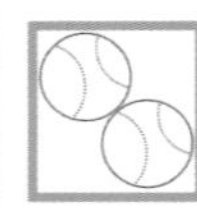 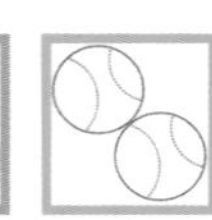 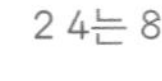 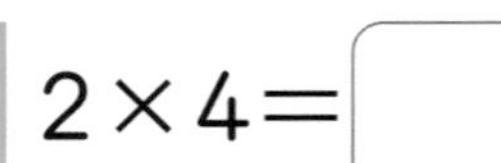

2 1은 2 2 2는 4 2 3은 6 2 4는 8

$2 \times 4 =$ □

     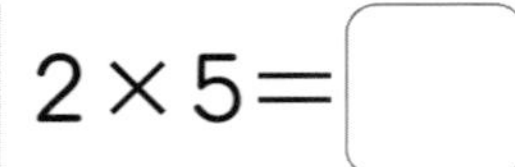

2 1은 2 2 2는 4 2 3은 6 2 4는 8 2 5는 10

$2 \times 5 =$ □

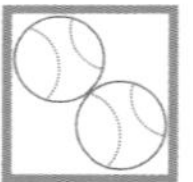      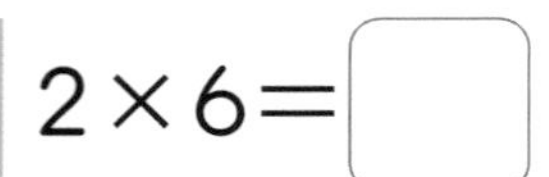  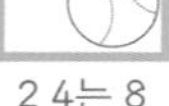 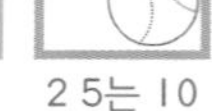 

2 1은 2 2 2는 4 2 3은 6 2 4는 8 2 5는 10 2 6은 12

$2 \times 6 =$ □

   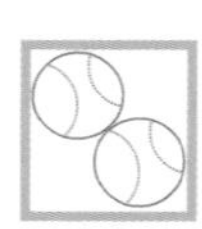 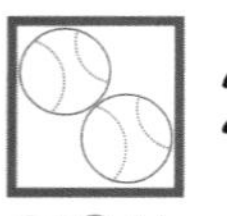 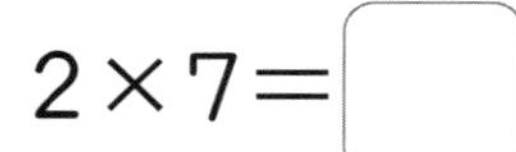 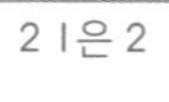 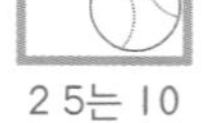  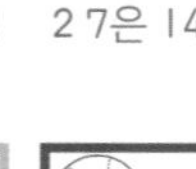 

2 1은 2 2 2는 4 2 3은 6 2 4는 8 2 5는 10 2 6은 12 2 7은 14

$2 \times 7 =$ □

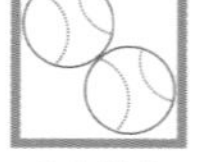   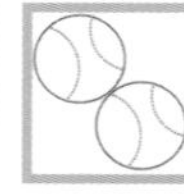  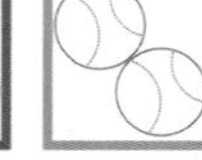 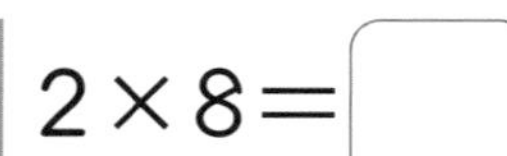

2 1은 2 2 2는 4 2 3은 6 2 4는 8 2 5는 10 2 6은 12 2 7은 14 2 8은 16

$2 \times 8 =$ □

      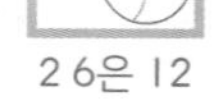 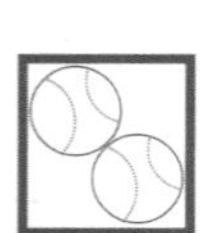 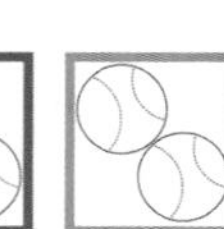 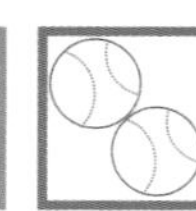

2 1은 2 2 2는 4 2 3은 6 2 4는 8 2 5는 10 2 6은 12 2 7은 14 2 8은 16 2 9는 18

$2 \times 9 =$ □

공부한 날 : 월 일

오토바이의 바퀴의 개수를 2의 단 곱셈으로 구하세요.

한 문제씩 풀 때마다
이 일은 이, 이 이는 사, 이 삼은 육과
같이 읽으면서 답을 찾아봐.

01  □ 개

2 1은 2 2 2는 4 2 3은 6

02  □ 개

03 04  □ 개 □ 개

05 06  □ 개 □ 개

07 08 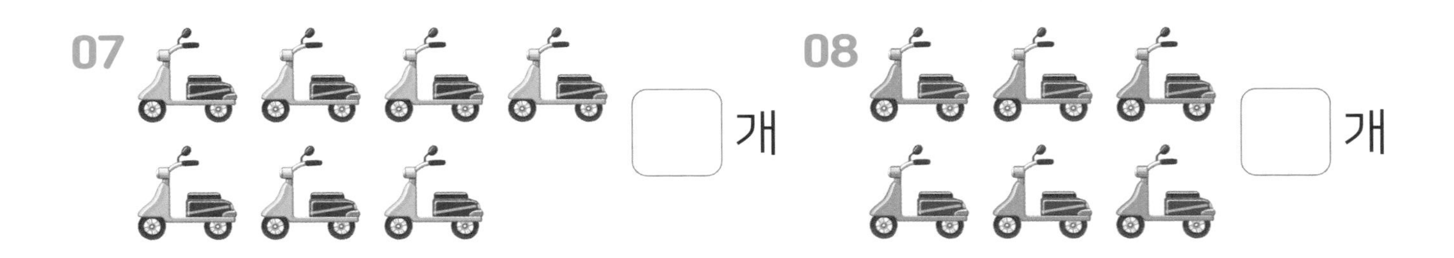 □ 개 □ 개

09  □ 개

B 4의 단 곱셈을 배워요

공의 개수를 나타낸 4의 단 곱셈의 결과를 쓰세요.

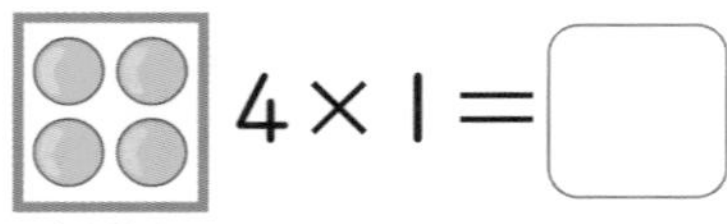

$4 \times 1 =$ ☐

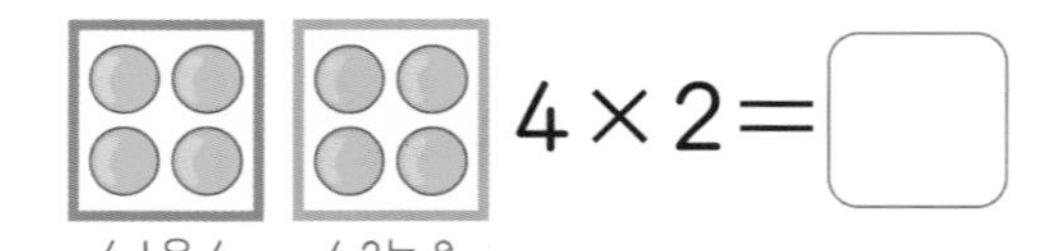

$4 \times 2 =$ ☐

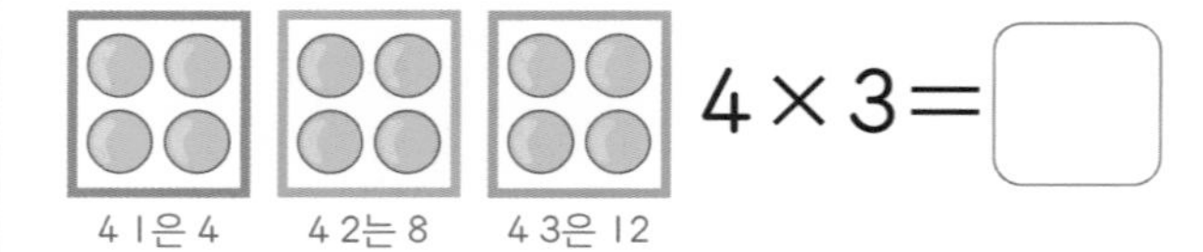

$4 \times 3 =$ ☐

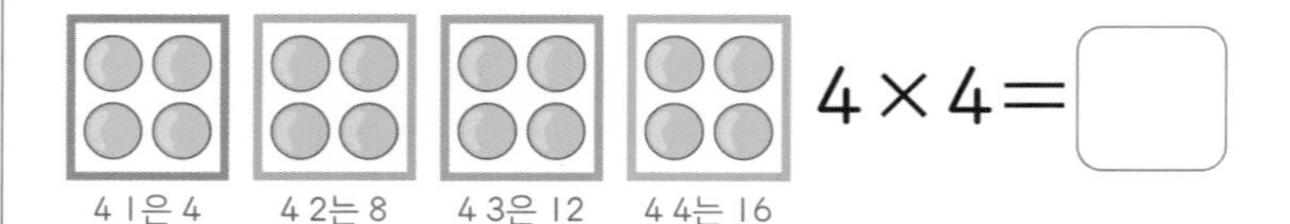

$4 \times 4 =$ ☐

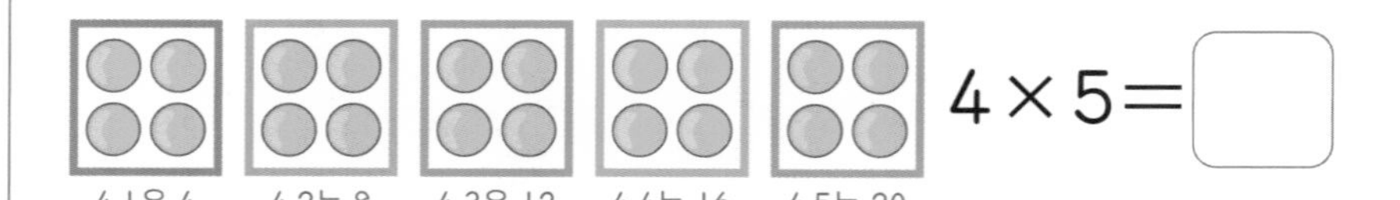

$4 \times 5 =$ ☐

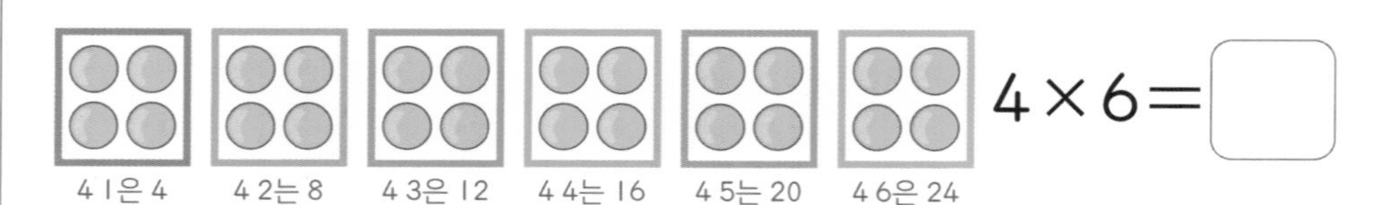

$4 \times 6 =$ ☐

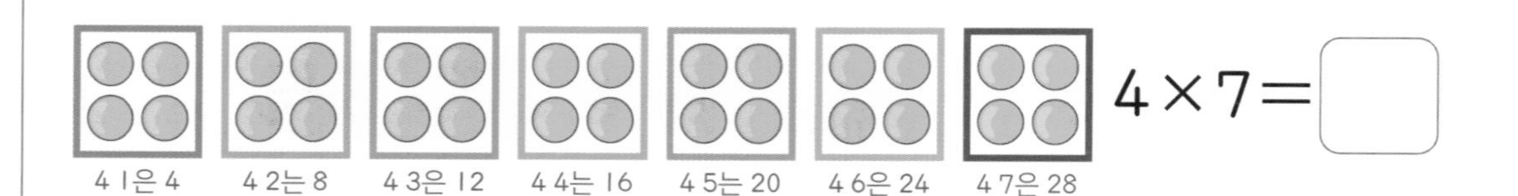

$4 \times 7 =$ ☐

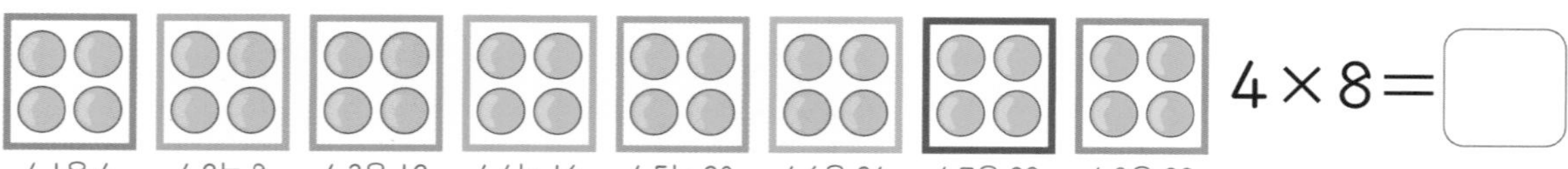
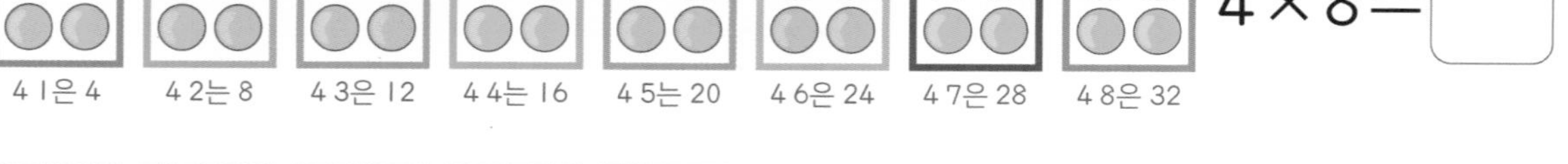

$4 \times 8 =$ ☐

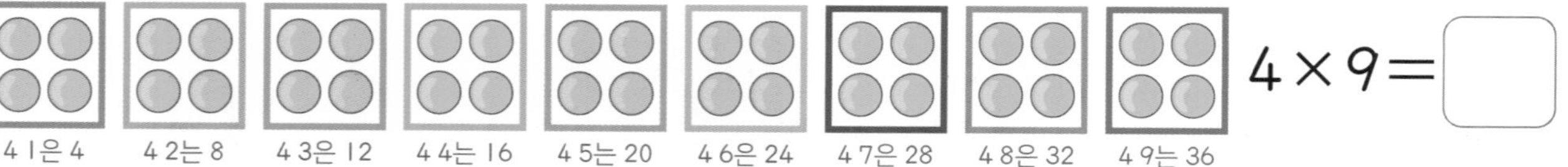

$4 \times 9 =$ ☐

버스의 바퀴의 개수를 4의 단 곱셈으로 구하세요.

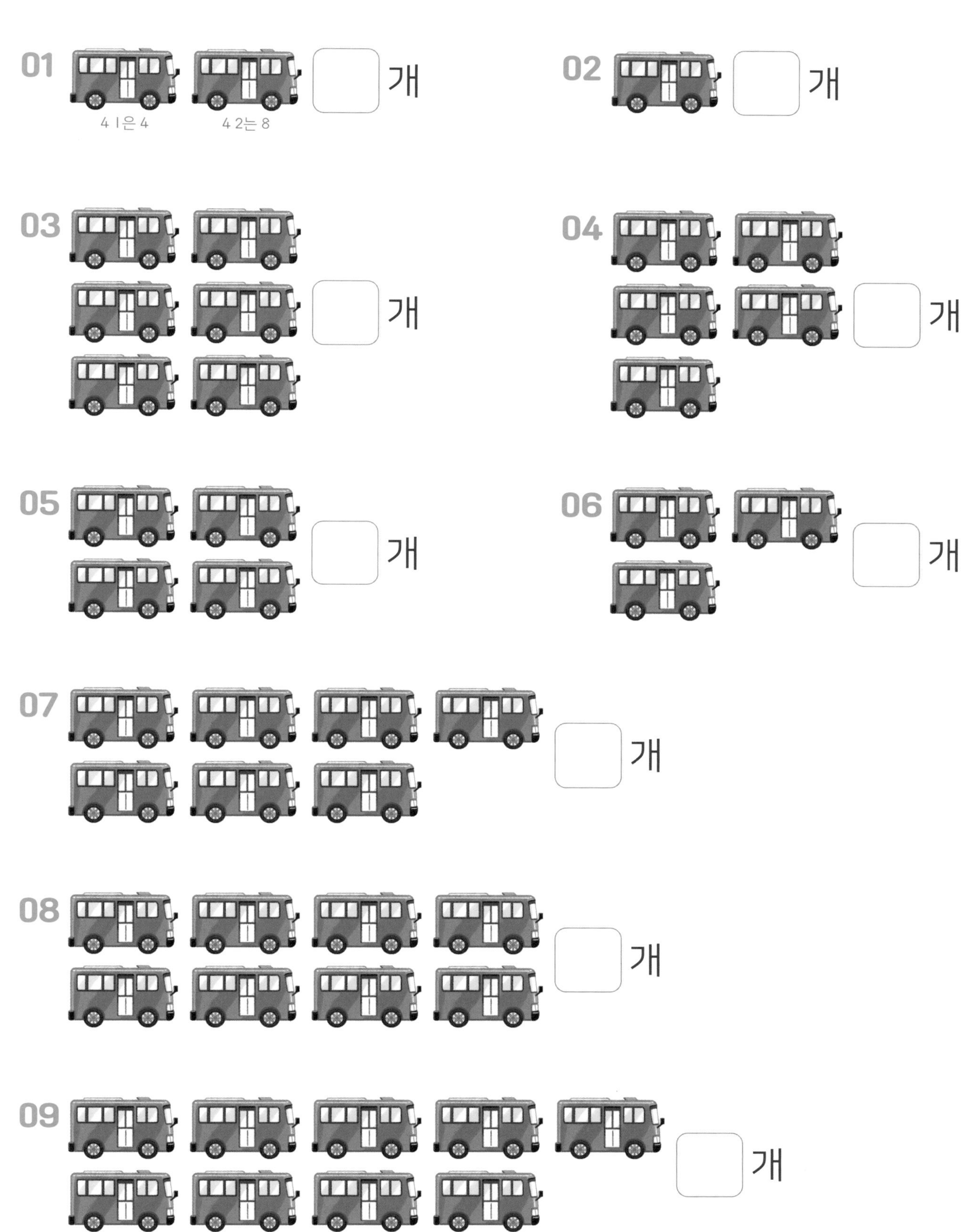

02 2, 4의 단 곱셈구구 2

A 2의 단과 4의 단 곱셈을 연습해요

곱셈표를 완성하세요.

01

×	1	2	3	4	5	6	7	8	9
2									
4									

02

×	5	6	7	8
2				
4				

03

×	2	3	4
2			
4			

04

×	1	3	5	7
2				
4				

05

×	3	6	9
2			
4			

06

×	2	4	6	8
2				
4				

07

×	2	5	9
2			
4			

빈칸에 두 수의 곱을 써넣으세요.

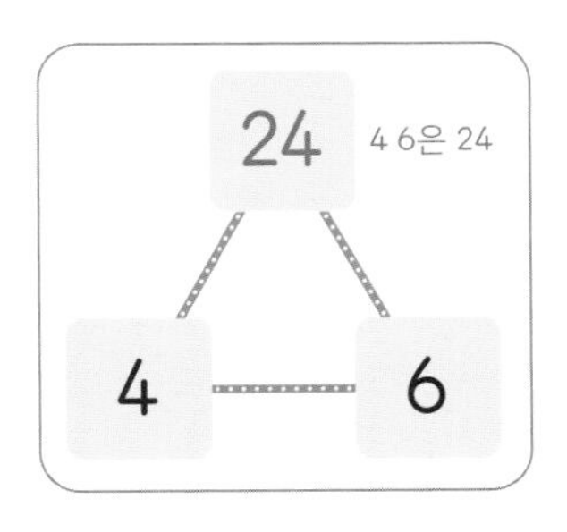

01

2 8

02

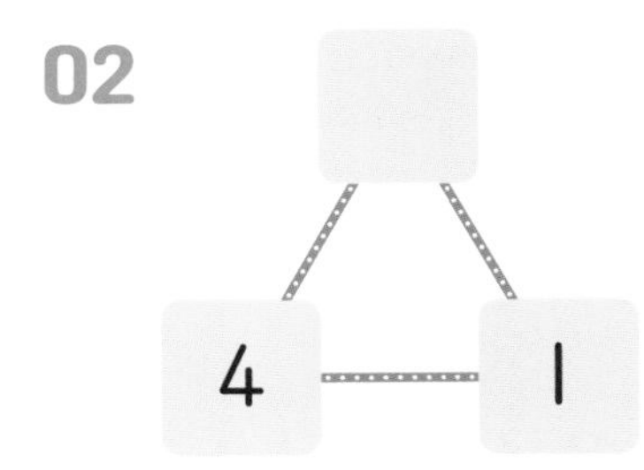

03

2 5

04

4 5

05

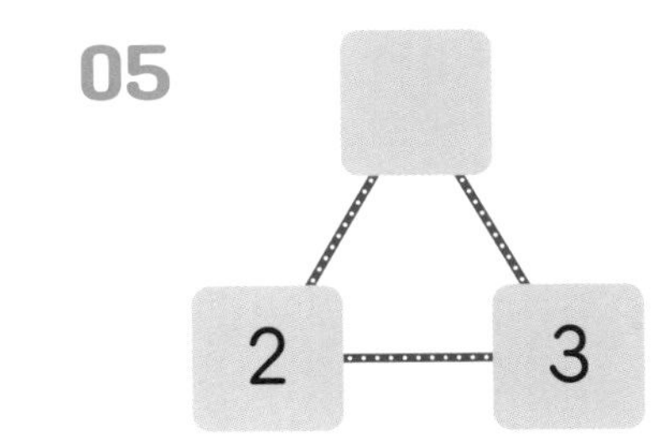

06

4 9

07

2 7

08

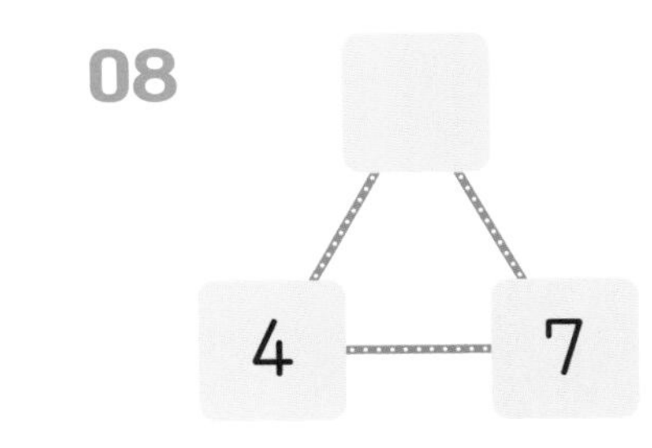

09

4 4

10

4 3

11

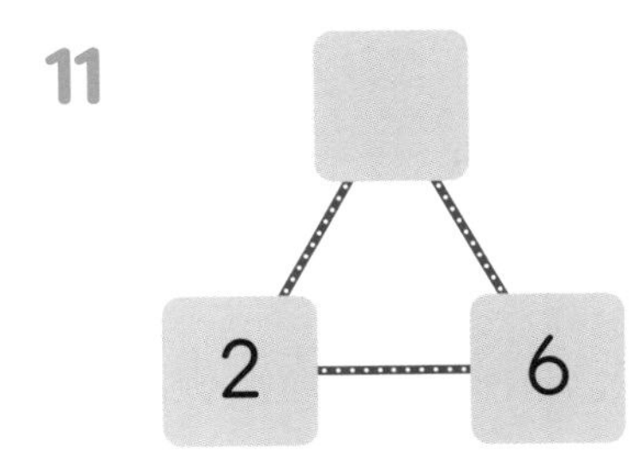

12

2 9

13

2 4

14

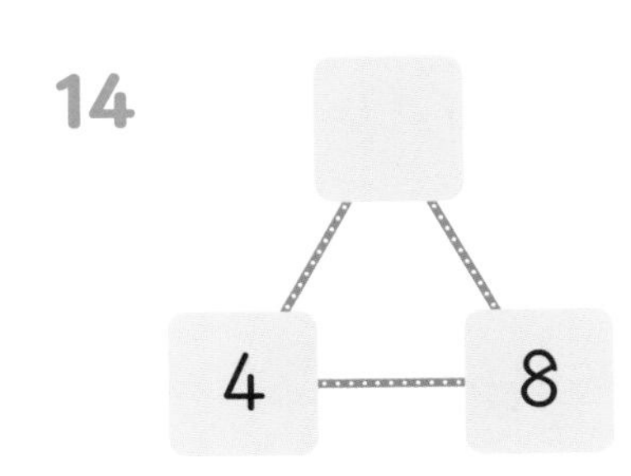

02 B 2, 4의 단 곱셈구구 2

곱셈이 바로 생각나지 않으면 이 일은 이, 이 이는 사!!

아직 못 외웠으면
2의 단은 이 일은 이, 이 이는 사
4의 단은 사 일은 사, 사 이는 팔

이렇게 순서대로 해 봐.

계산하세요.

01 $2 \times 2 =$

02 $4 \times 6 =$

03 $4 \times 1 =$

04 $4 \times 7 =$

05 $4 \times 4 =$

06 $2 \times 4 =$

07 $4 \times 9 =$

08 $2 \times 3 =$

09 $2 \times 7 =$

10 $4 \times 2 =$

11 $2 \times 8 =$

12 $4 \times 8 =$

13 $2 \times 4 =$

14 $4 \times 3 =$

15 $2 \times 6 =$

16 $2 \times 5 =$

17 $4 \times 5 =$

18 $2 \times 9 =$

19 $4 \times 7 =$

20 $2 \times 8 =$

21 $2 \times 1 =$

22 $4 \times 5 =$

23 $2 \times 7 =$

24 $4 \times 9 =$

빈칸에 두 수의 곱을 써넣으세요.

번호			
01	2	6	
02	4	2	
03	4	5	
04	2	7	
05	4	7	
06	2	4	
07	4	6	
08	2	9	
09	2	3	
10	4	9	
11	4	8	
12	2	8	
13	2	5	
14	4	4	

5, 9의 단 곱셈구구 1

03 A 5의 단 곱셈을 배워요

점의 개수를 나타낸 5의 단 곱셈의 결과를 쓰세요.

5의 단은 일의 자리에 5와 0이 반복되지.

5 1은 5

$5 \times 1 = \square$

5 1은 5 | 5 2는 10

$5 \times 2 = \square$

5 1은 5 | 5 2는 10 | 5 3은 15

$5 \times 3 = \square$

5 1은 5 | 5 2는 10 | 5 3은 15 | 5 4는 20

$5 \times 4 = \square$

5 1은 5 | 5 2는 10 | 5 3은 15 | 5 4는 20 | 5 5는 25

$5 \times 5 = \square$

5 1은 5 | 5 2는 10 | 5 3은 15 | 5 4는 20 | 5 5는 25 | 5 6은 30

$5 \times 6 = \square$

5 1은 5 | 5 2는 10 | 5 3은 15 | 5 4는 20 | 5 5는 25 | 5 6은 30 | 5 7은 35

$5 \times 7 = \square$

5 1은 5 | 5 2는 10 | 5 3은 15 | 5 4는 20 | 5 5는 25 | 5 6은 30 | 5 7은 35 | 5 8은 40

$5 \times 8 = \square$

5 1은 5 | 5 2는 10 | 5 3은 15 | 5 4는 20 | 5 5는 25 | 5 6은 30 | 5 7은 35 | 5 8은 40 | 5 9는 45

$5 \times 9 = \square$

손가락의 개수를 5의 단 곱셈으로 구하세요.

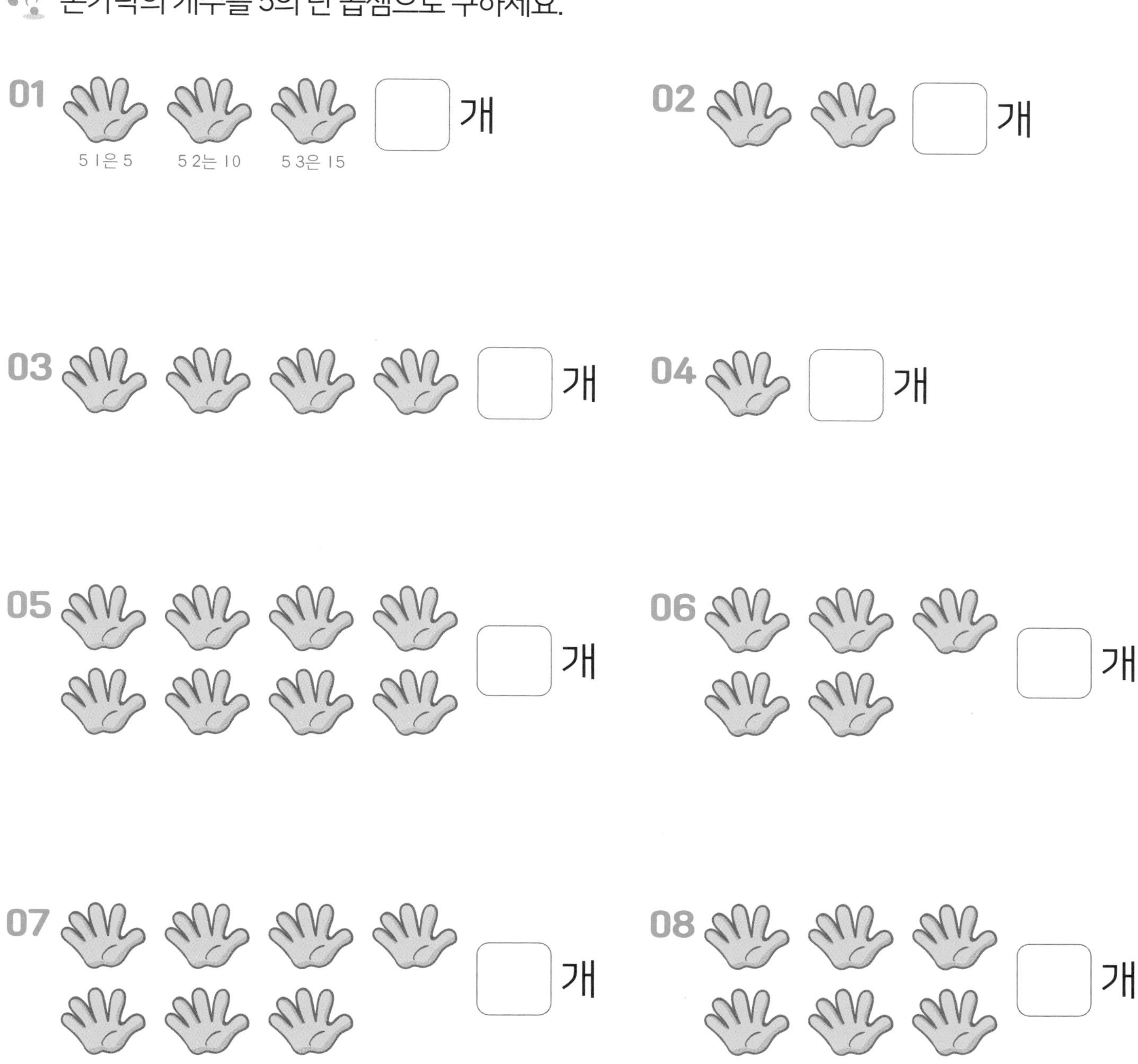

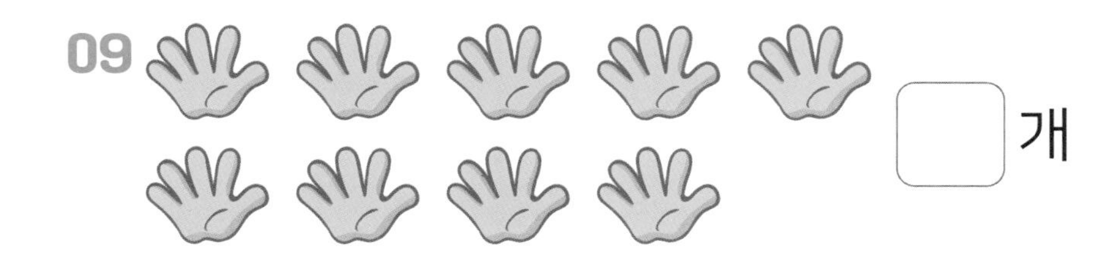

03 B 9의 단 곱셈을 배워요

점의 개수를 나타낸 9의 단 곱셈의 결과를 쓰세요.

9의 단에는 특별한 규칙이 있어.

$9\times2=20-2$
$9\times3=30-3$
$9\times4=40-4$
⋮

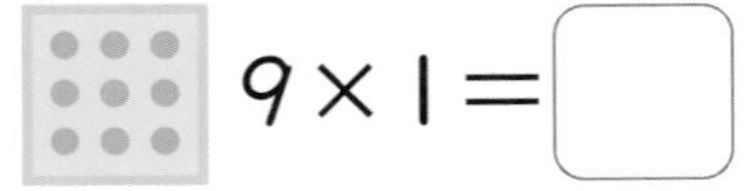

$9\times1=\square$

9 1은 9

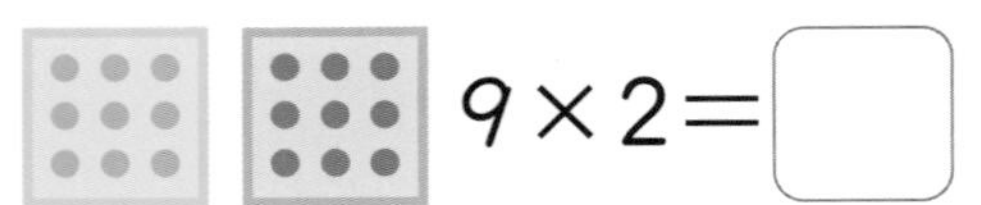

$9\times2=\square$

9 1은 9 　9 2는 18

$9\times3=\square$

9 1은 9 　9 2는 18 　9 3은 27

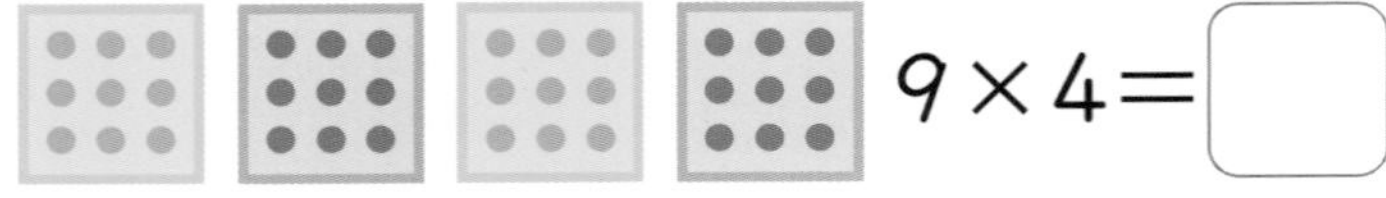

$9\times4=\square$

9 1은 9 　9 2는 18 　9 3은 27 　9 4는 36

$9\times5=\square$

9 1은 9 　9 2는 18 　9 3은 27 　9 4는 36 　9 5는 45

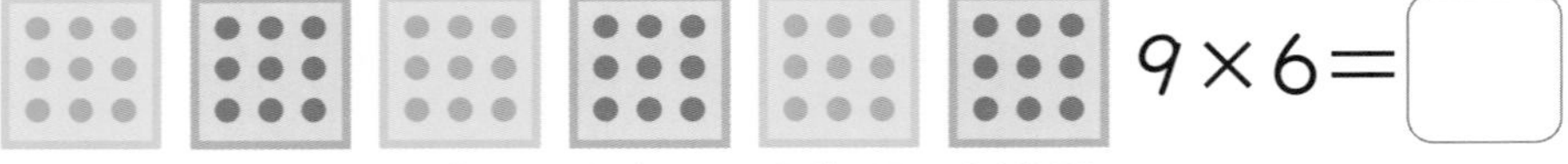

$9\times6=\square$

9 1은 9 　9 2는 18 　9 3은 27 　9 4는 36 　9 5는 45 　9 6은 54

$9\times7=\square$

9 1은 9 　9 2는 18 　9 3은 27 　9 4는 36 　9 5는 45 　9 6은 54 　9 7은 63

$9\times8=\square$

9 1은 9 　9 2는 18 　9 3은 27 　9 4는 36 　9 5는 45 　9 6은 54 　9 7은 63 　9 8은 72

$9\times9=\square$

9 1은 9 　9 2는 18 　9 3은 27 　9 4는 36 　9 5는 45 　9 6은 54 　9 7은 63 　9 8은 72 　9 9는 81

초콜릿이 9조각씩 붙어 있습니다. 초콜릿의 조각의 개수를 9의 단 곱셈으로 구하세요.

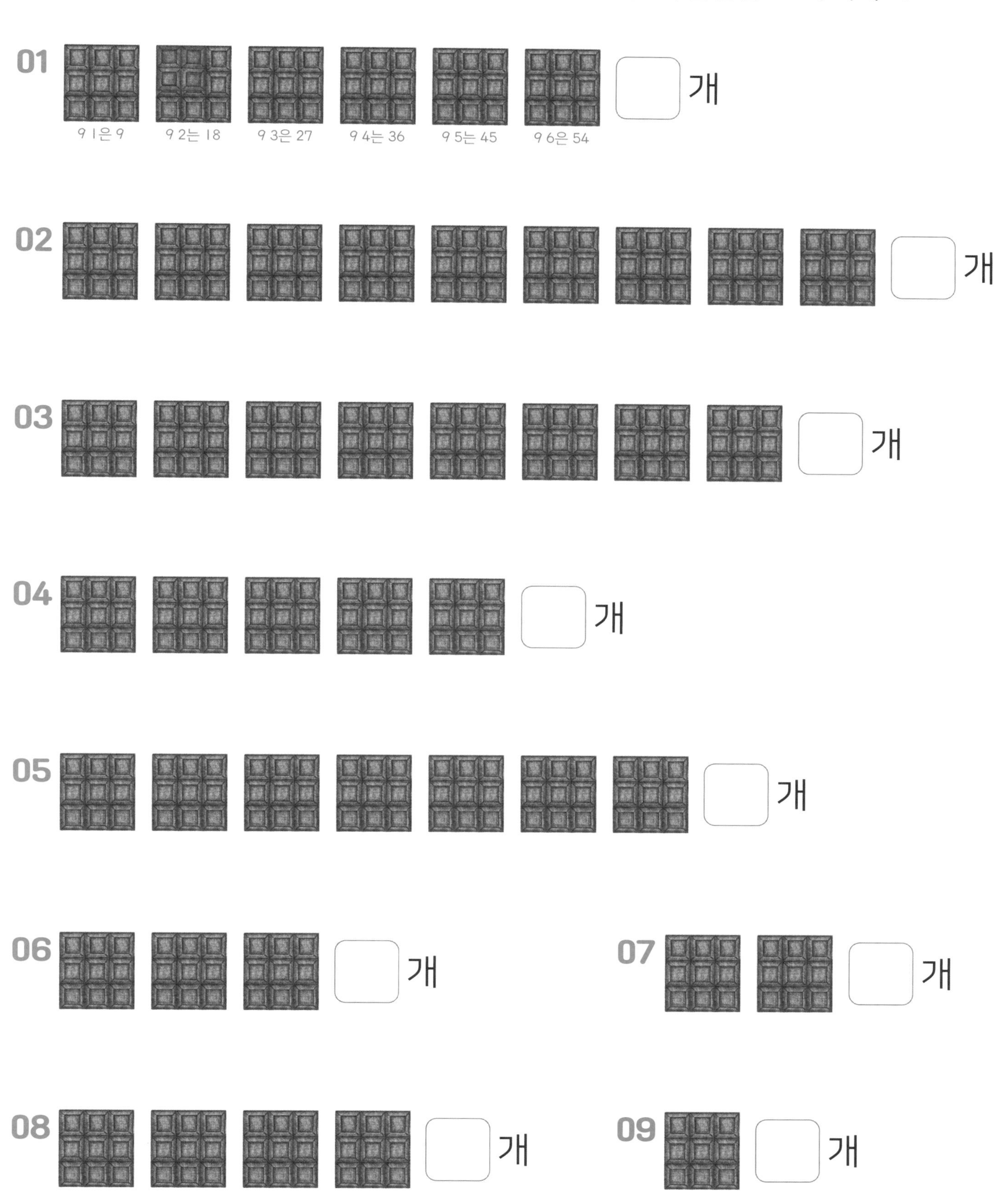

5, 9의 단 곱셈구구 2

04 A 5의 단과 9의 단 곱셈을 연습해요

곱셈표를 완성하세요.

01

×	1	2	3	4	5	6	7	8	9
5									
9									

02

×	5	6	7	8
5				
9				

03

×	2	3	4
5			
9			

04

×	1	3	5	7
5				
9				

05

×	3	6	9
5			
9			

06

×	2	4	6	8
5				
9				

07

×	2	5	9
5			
9			

빈칸에 두 수의 곱을 써넣으세요.

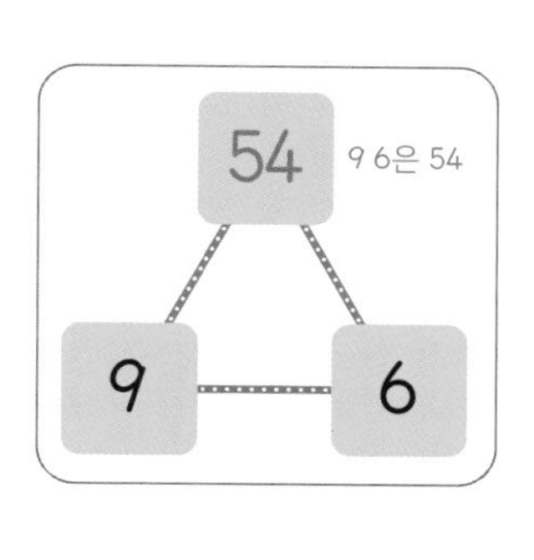

01
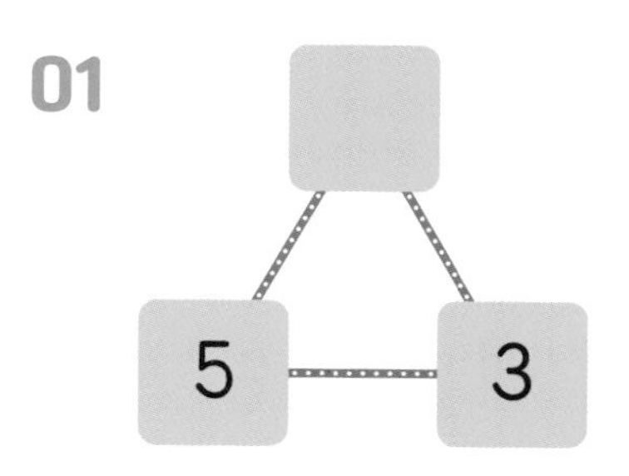

02
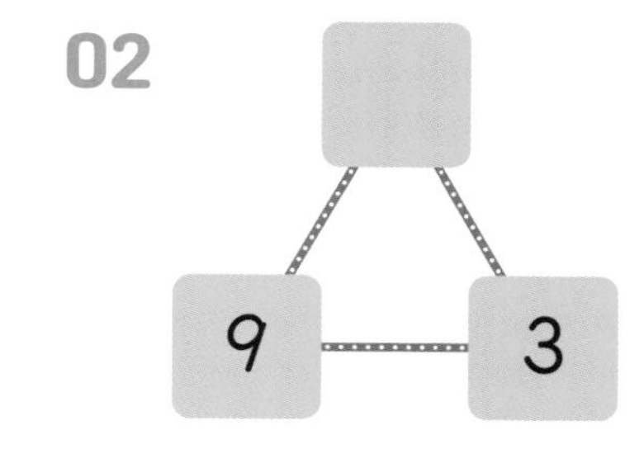

03
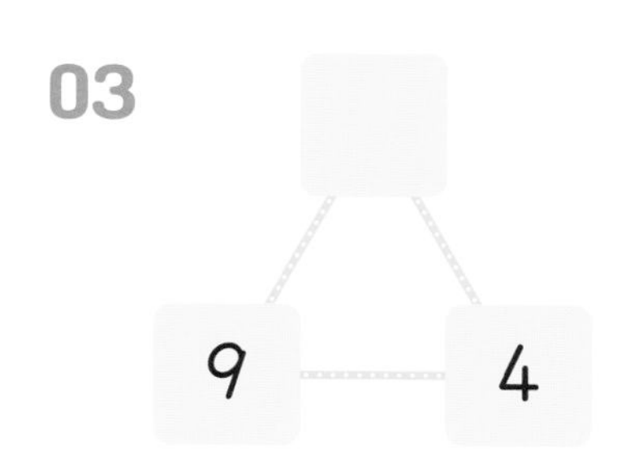

04
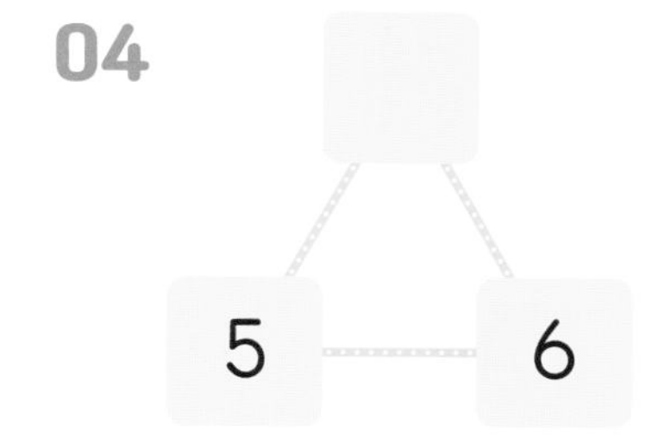

05
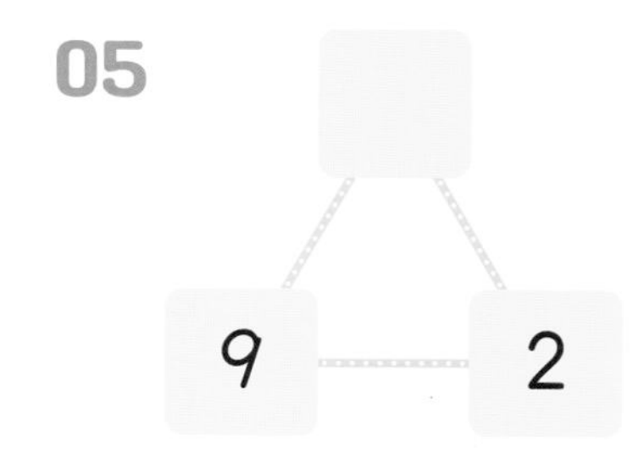

06
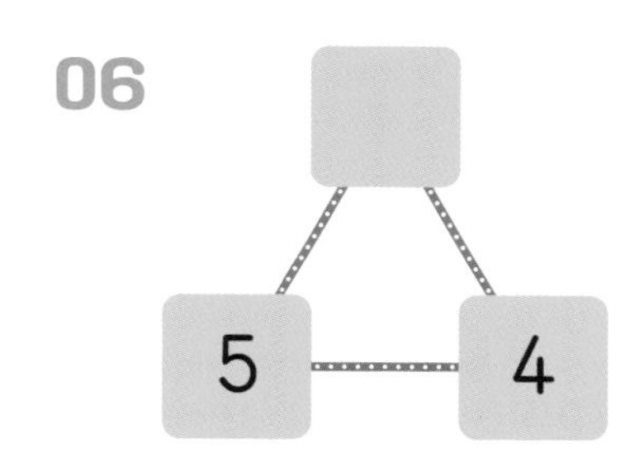

07

08
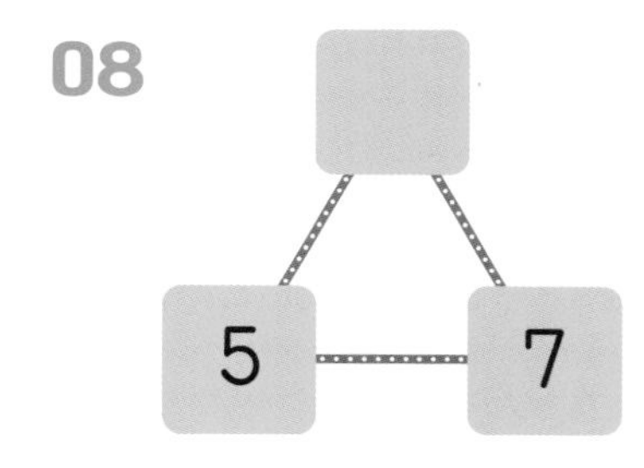

09
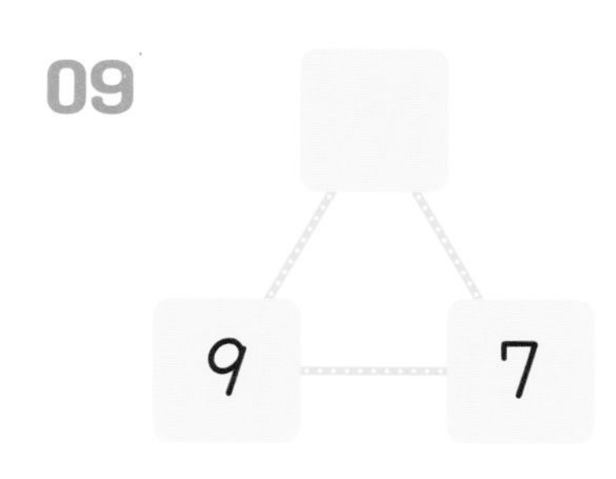

10
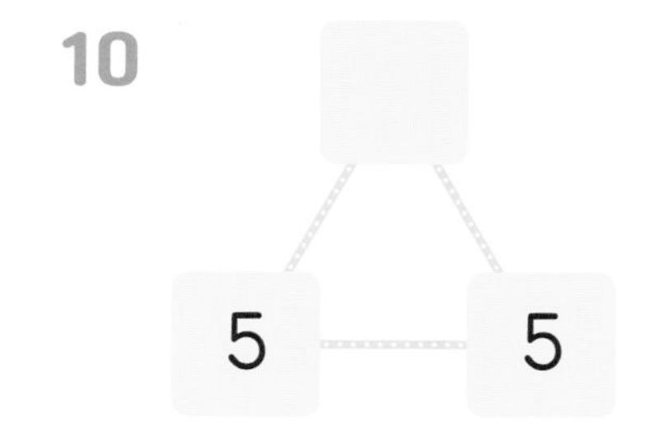

11
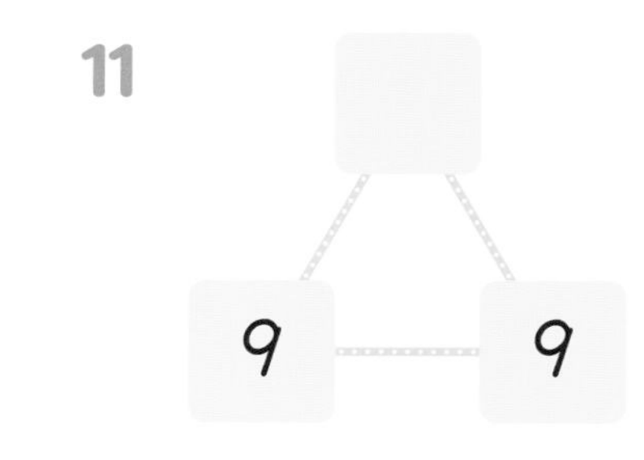

12
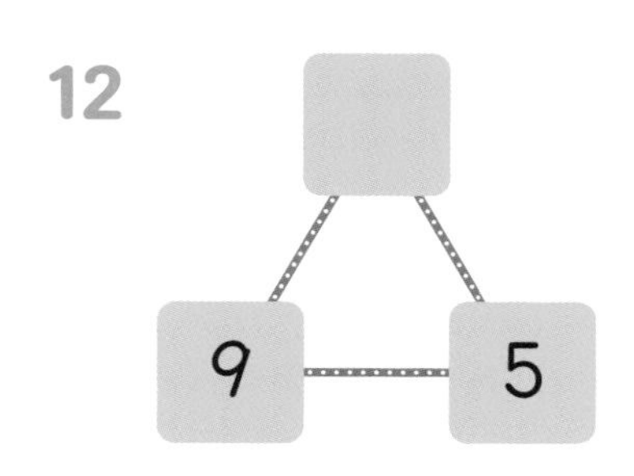

13
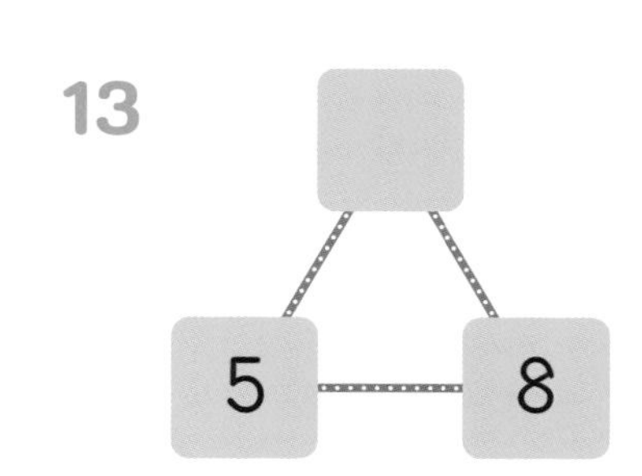

14
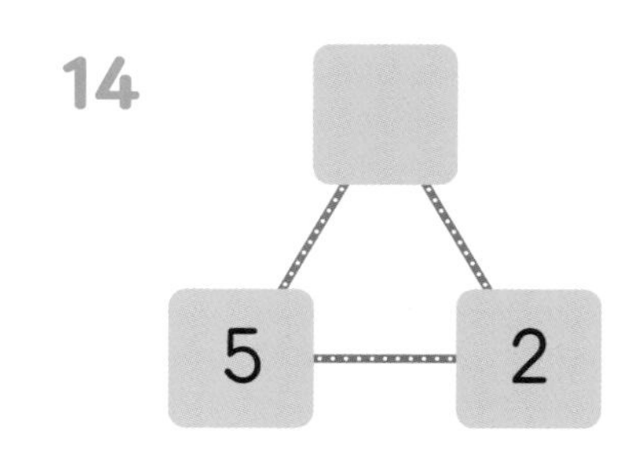

5, 9의 단 곱셈구구 2

04 B 5의 단과 9의 단 문제를 풀어요

계산하세요.

01 $9 \times 7 =$

02 $5 \times 2 =$

03 $9 \times 5 =$

04 $5 \times 8 =$

05 $9 \times 2 =$

06 $5 \times 3 =$

07 $9 \times 1 =$

08 $9 \times 8 =$

09 $5 \times 9 =$

10 $5 \times 6 =$

11 $5 \times 4 =$

12 $9 \times 6 =$

13 $9 \times 4 =$

14 $9 \times 7 =$

15 $5 \times 1 =$

16 $5 \times 7 =$

17 $9 \times 9 =$

18 $5 \times 3 =$

19 $9 \times 2 =$

20 $5 \times 6 =$

21 $5 \times 5 =$

22 $9 \times 4 =$

23 $5 \times 8 =$

24 $9 \times 3 =$

빈칸에 두 수의 곱을 써넣으세요.

01

02

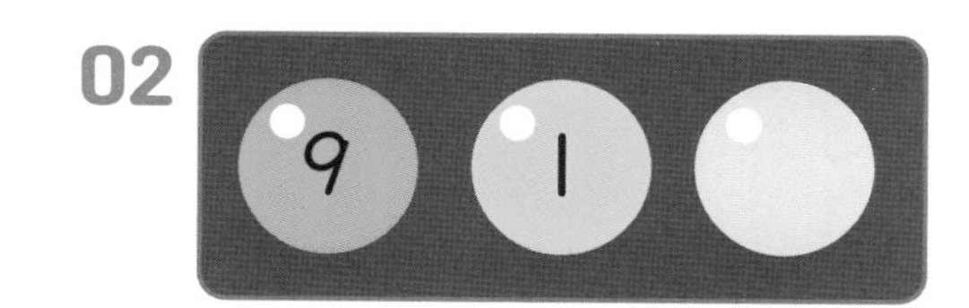

03

04

05

06

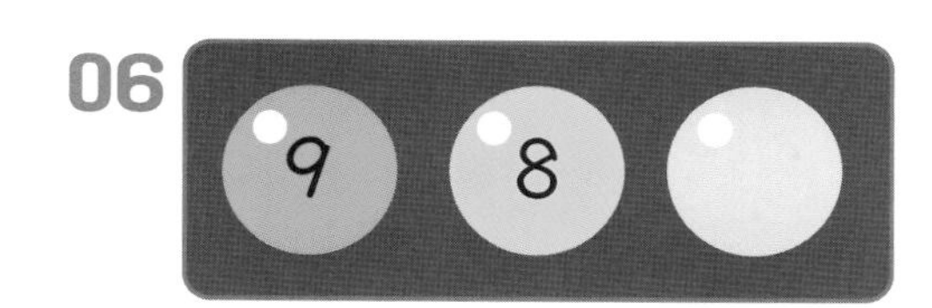

07

08

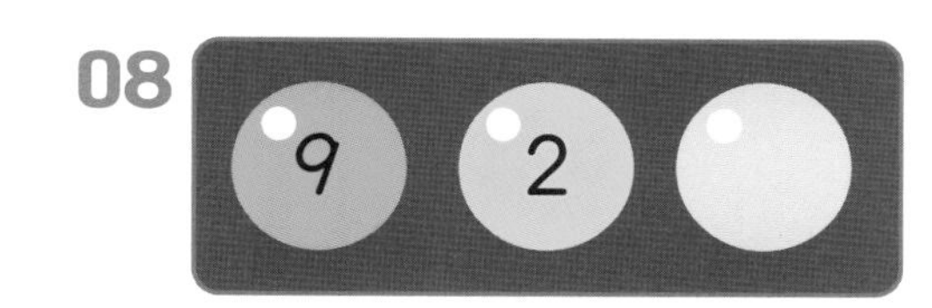

09

10

11

12

13

14

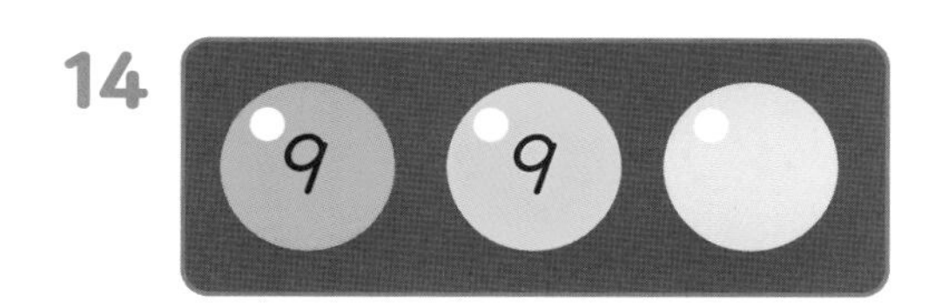

05 A

3, 6의 단 곱셈구구 1

3의 단 곱셈을 배워요

막대의 개수를 나타낸 3의 단 곱셈의 결과를 쓰세요.

나무 막대 3개로 만든 모양이야.

3 1은 3

$3 \times 1 = \square$

3 1은 3 3 2는 6

$3 \times 2 = \square$

3 1은 3 3 2는 6 3 3은 9

$3 \times 3 = \square$

3 1은 3 3 2는 6 3 3은 9 3 4는 12

$3 \times 4 = \square$

3 1은 3 3 2는 6 3 3은 9 3 4는 12 3 5는 15

$3 \times 5 = \square$

3 1은 3 3 2는 6 3 3은 9 3 4는 12 3 5는 15 3 6은 18

$3 \times 6 = \square$

3 1은 3 3 2는 6 3 3은 9 3 4는 12 3 5는 15 3 6은 18 3 7은 21

$3 \times 7 = \square$

3 1은 3 3 2는 6 3 3은 9 3 4는 12 3 5는 15 3 6은 18 3 7은 21 3 8은 24

$3 \times 8 = \square$

3 1은 3 3 2는 6 3 3은 9 3 4는 12 3 5는 15 3 6은 18 3 7은 21 3 8은 24 3 9는 27

$3 \times 9 = \square$

세발자전거의 바퀴의 개수를 3의 단 곱셈으로 구하세요.

01 

☐ 개

02  ☐ 개

03  ☐ 개

04 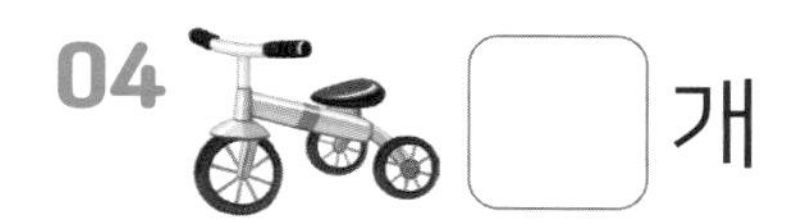 ☐ 개

05  ☐ 개

06  ☐ 개

07 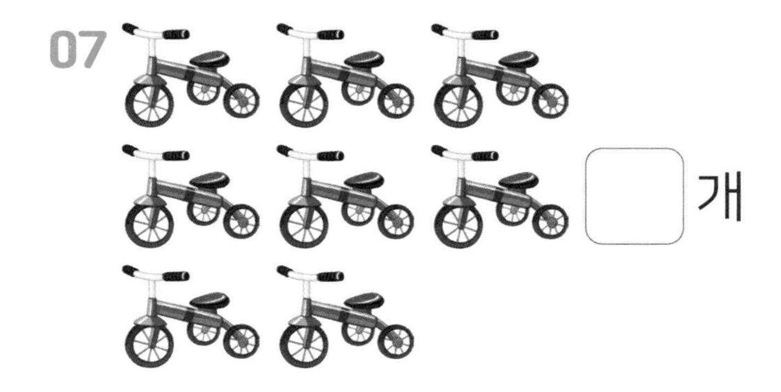 ☐ 개

08  ☐ 개

09 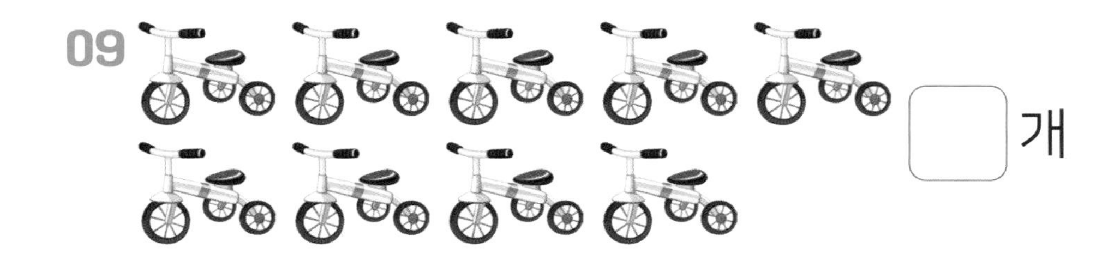 ☐ 개

3, 6의 단 곱셈구구 1

05 B 6의 단 곱셈을 배워요

막대의 개수를 나타낸 6의 단 곱셈의 결과를 쓰세요.

나무 막대 6개로 만든 모양이야.

6 1은 6

$6\times1=$ ☐

6 1은 6 6 2는 12

$6\times2=$ ☐

6 1은 6 6 2는 12 6 3은 18

$6\times3=$ ☐

6 1은 6 6 2는 12 6 3은 18 6 4는 24

$6\times4=$ ☐

6 1은 6 6 2는 12 6 3은 18 6 4는 24 6 5는 30

$6\times5=$ ☐

6 1은 6 6 2는 12 6 3은 18 6 4는 24 6 5는 30 6 6은 36

$6\times6=$ ☐

6 1은 6 6 2는 12 6 3은 18 6 4는 24 6 5는 30 6 6은 36 6 7은 42

$6\times7=$ ☐

6 1은 6 6 2는 12 6 3은 18 6 4는 24 6 5는 30 6 6은 36 6 7은 42 6 8은 48

$6\times8=$ ☐

6 1은 6 6 2는 12 6 3은 18 6 4는 24 6 5는 30 6 6은 36 6 7은 42 6 8은 48 6 9는 54

$6\times9=$ ☐

무당벌레는 다리가 6개야.

무당벌레의 다리의 개수를 6의 단 곱셈으로 구하세요.

01 02

03 04

05 06

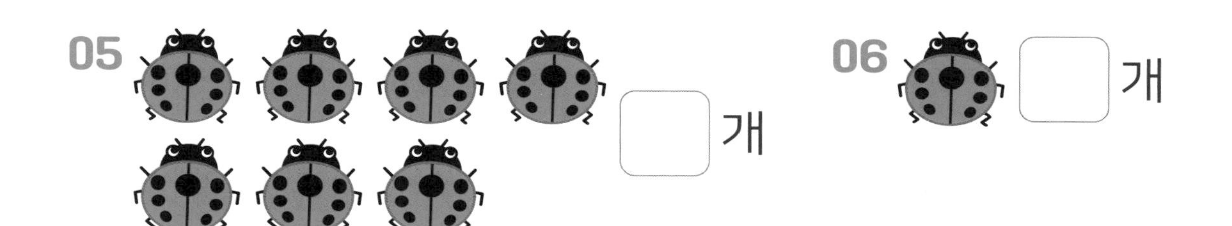

07 08

09

06 A 3의 단과 6의 단 곱셈을 연습해요

곱셈표를 완성하세요.

01

×	1	2	3	4	5	6	7	8	9
3									
6									

02

×	5	6	7	8
3				
6				

03

×	2	3	4
3			
6			

04

×	1	3	5	7
3				
6				

05

×	3	6	9
3			
6			

06

×	2	4	6	8
3				
6				

07

×	2	5	9
3			
6			

빈칸에 두 수의 곱을 써넣으세요.

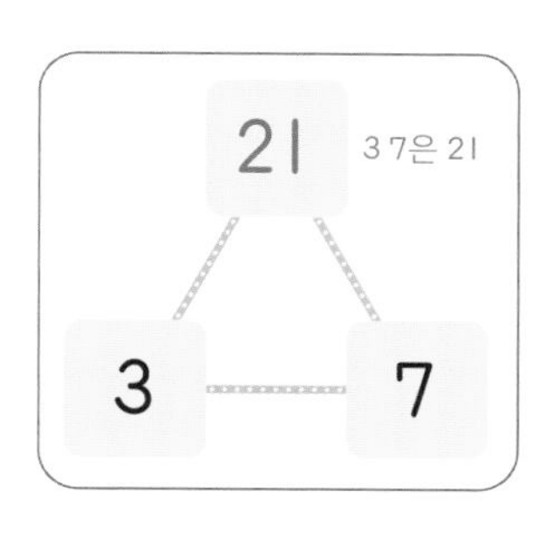

01

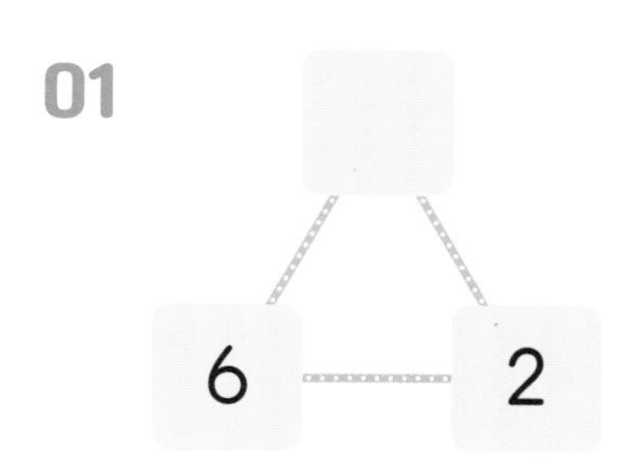

02

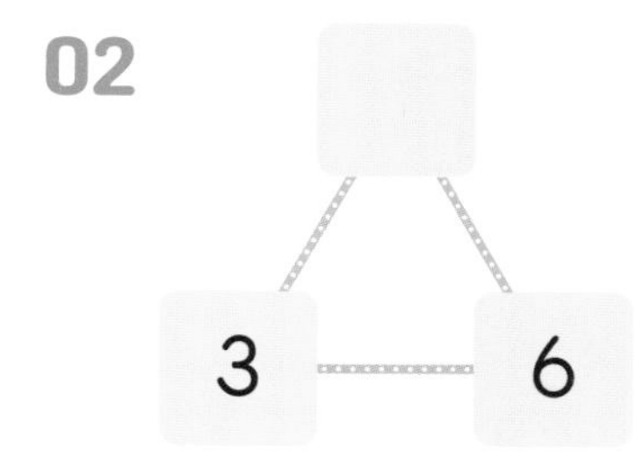

03

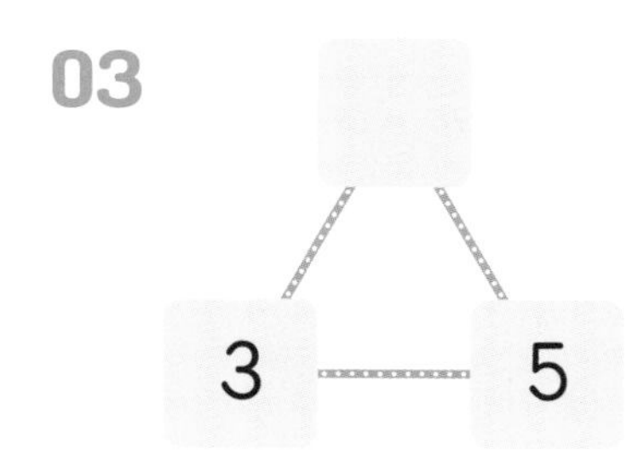

04

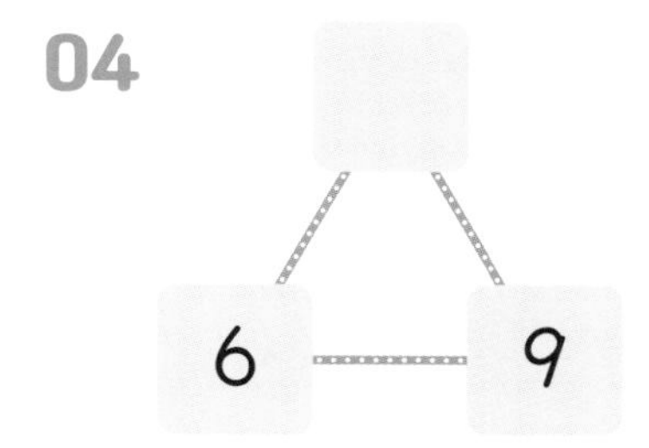

05

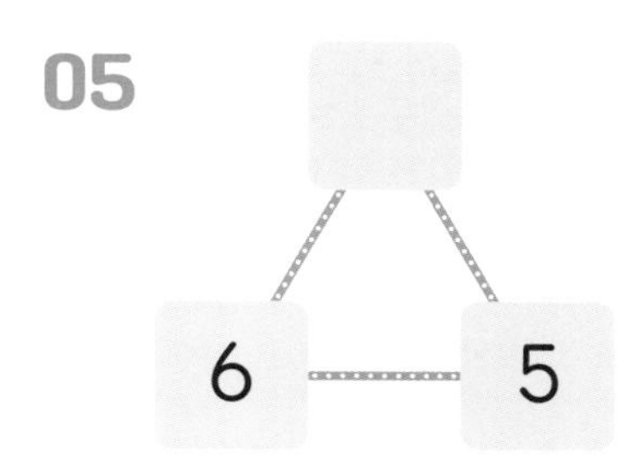

06

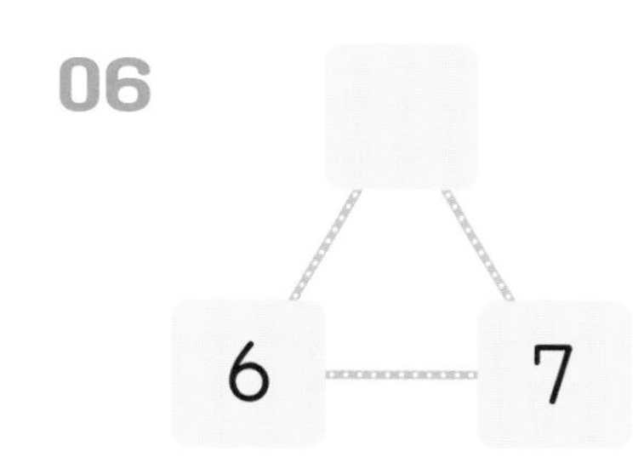

07

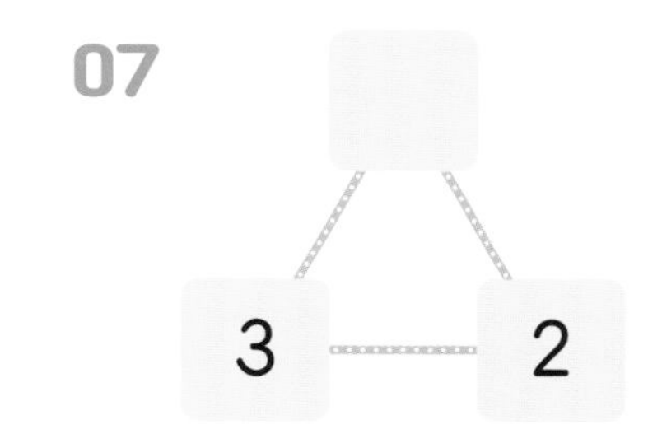

08

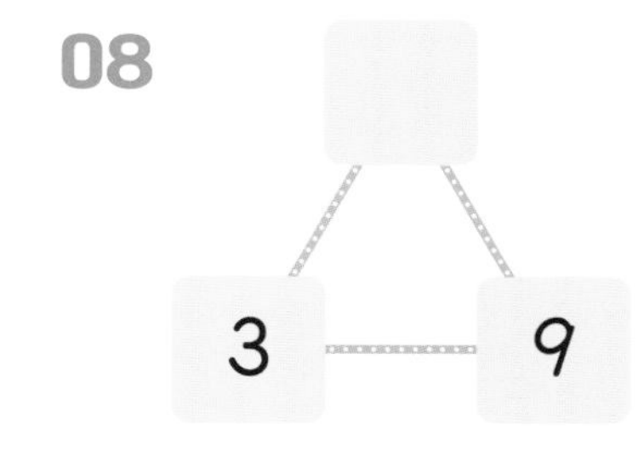

09

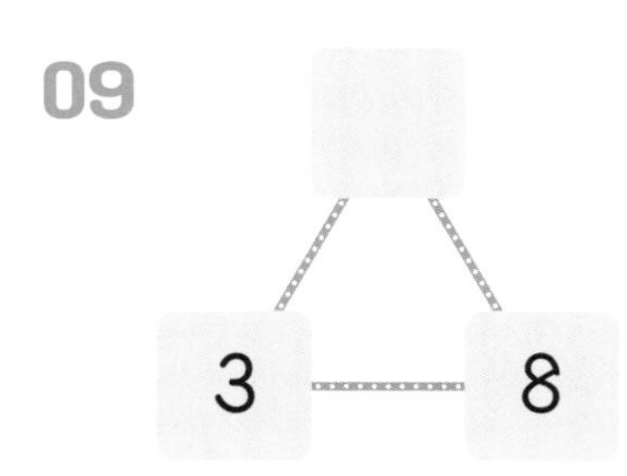

10

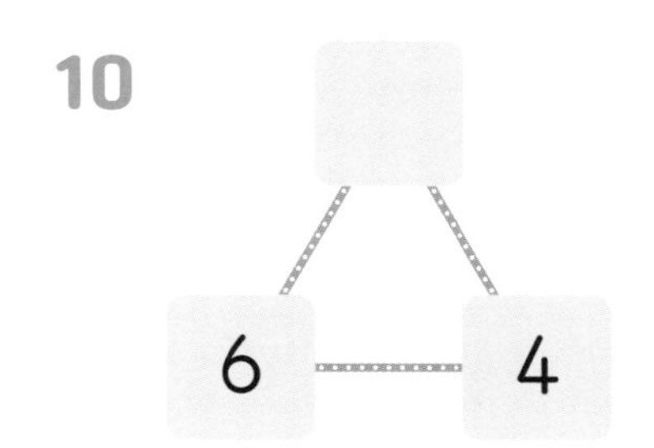

11

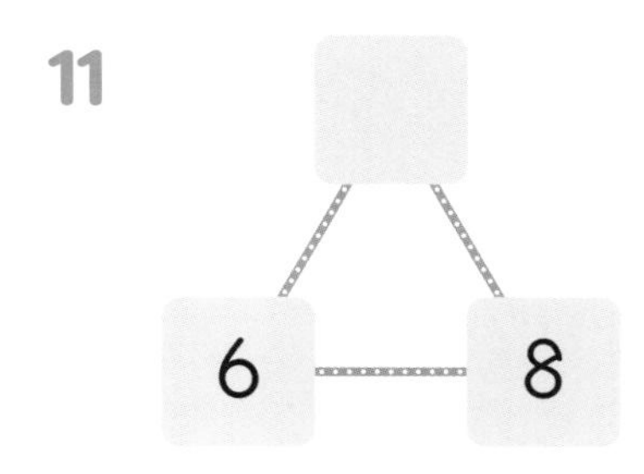

12

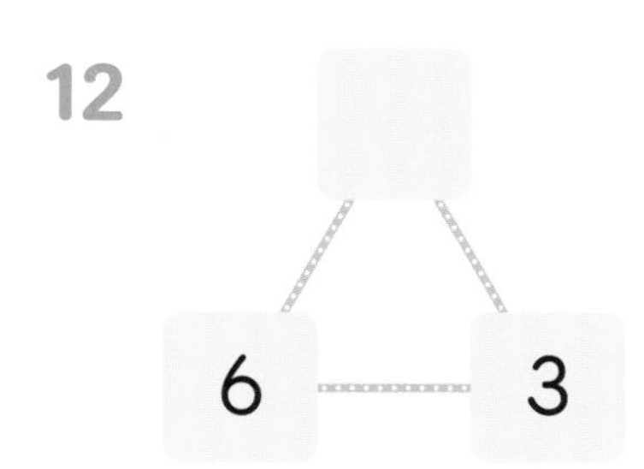

13

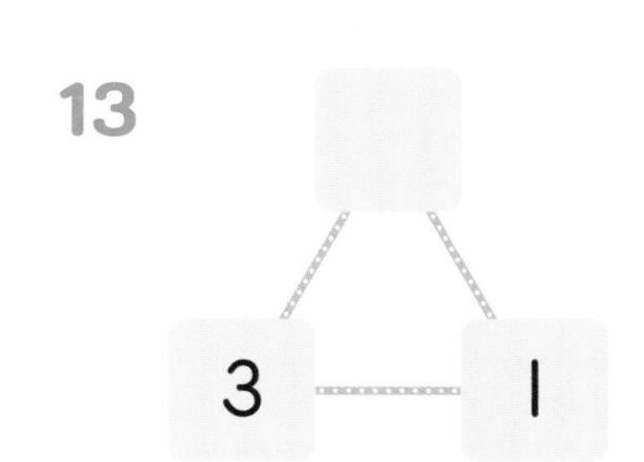

14

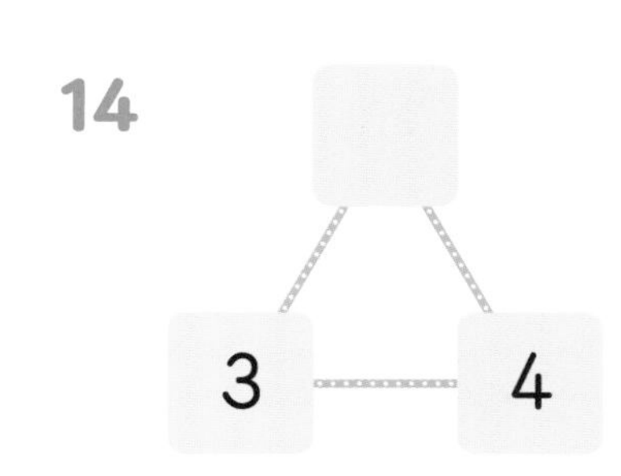

3, 6의 단 곱셈구구 2

06 B 3의 단과 6의 단 문제를 풀어요

계산하세요.

01 $3\times6=$	02 $3\times3=$	03 $6\times5=$
04 $6\times2=$	05 $3\times2=$	06 $6\times3=$
07 $3\times8=$	08 $3\times7=$	09 $6\times8=$
10 $6\times7=$	11 $3\times8=$	12 $3\times9=$
13 $6\times5=$	14 $3\times4=$	15 $6\times4=$
16 $6\times4=$	17 $3\times3=$	18 $6\times1=$
19 $3\times2=$	20 $3\times1=$	21 $6\times7=$
22 $6\times9=$	23 $6\times6=$	24 $3\times5=$

빈칸에 두 수의 곱을 써넣으세요.

01
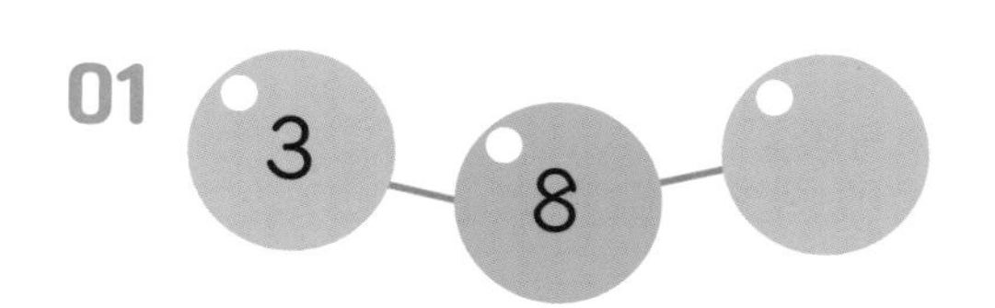

02
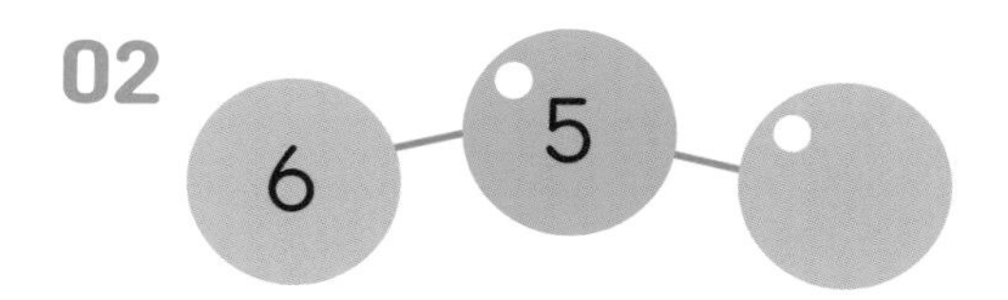

03
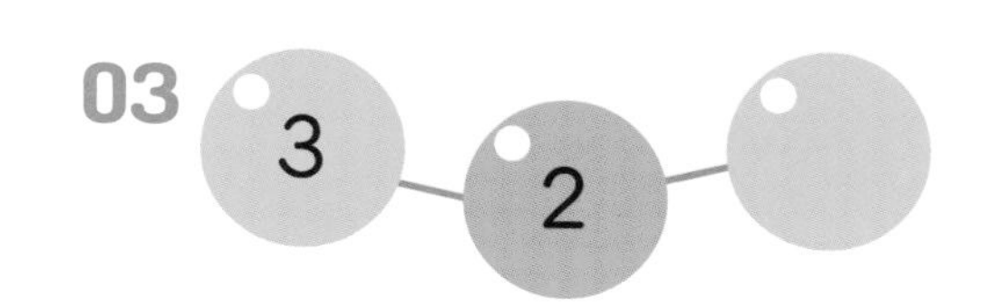

04
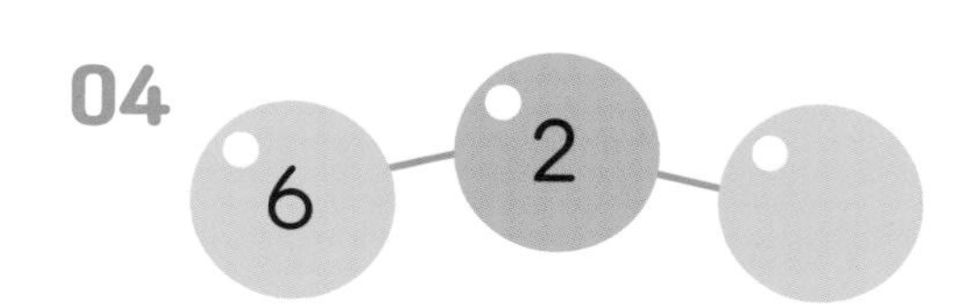

05
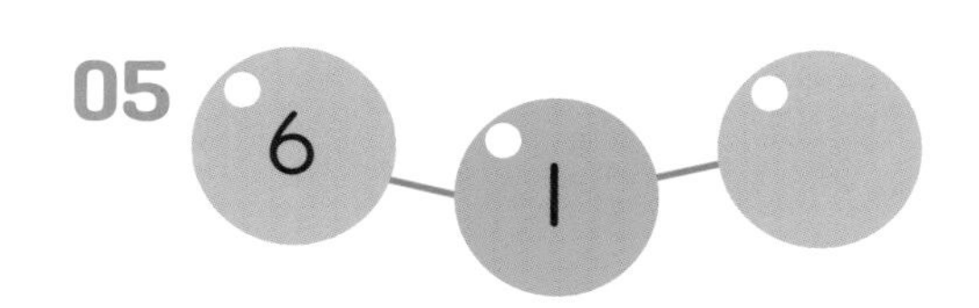

06
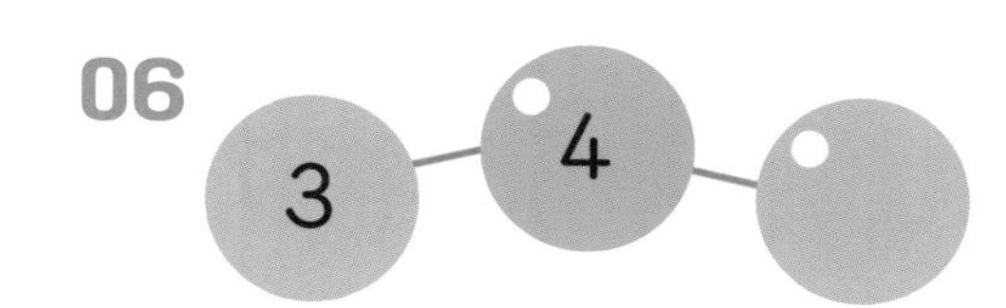

07
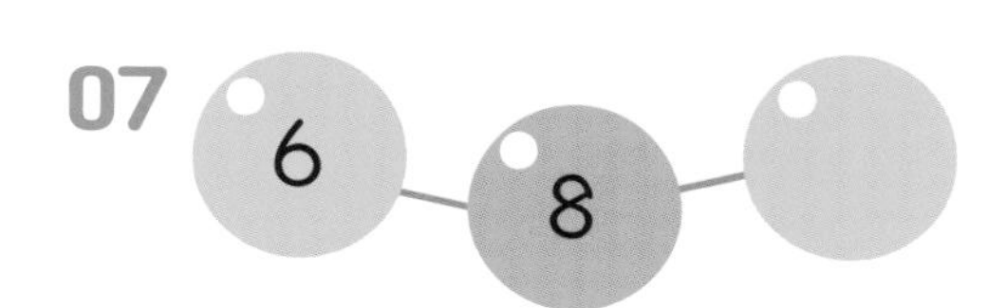

08
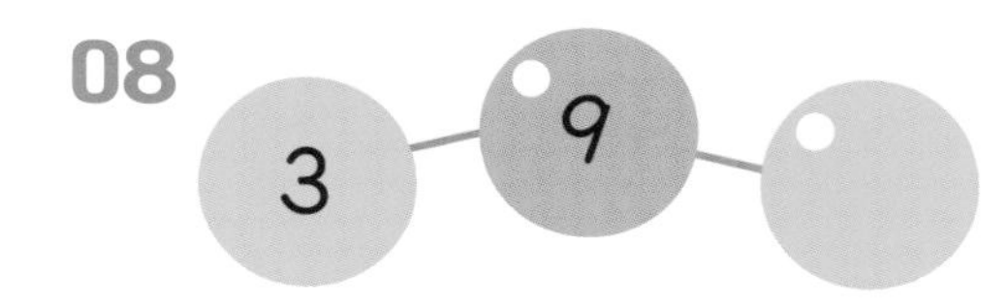

09
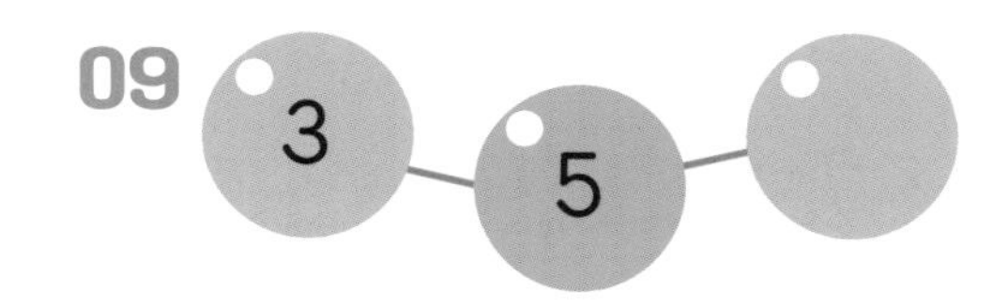

10
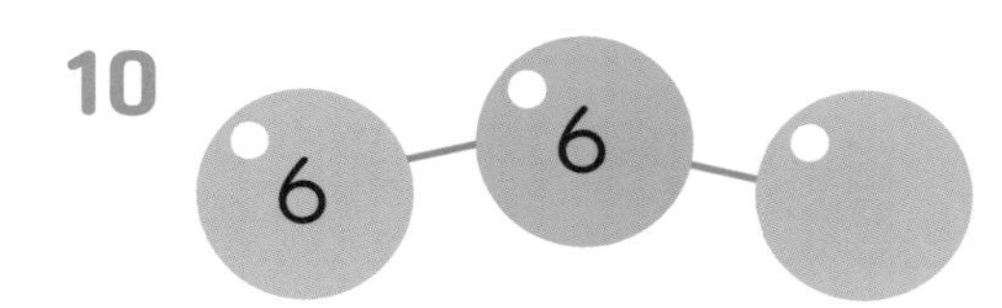

11
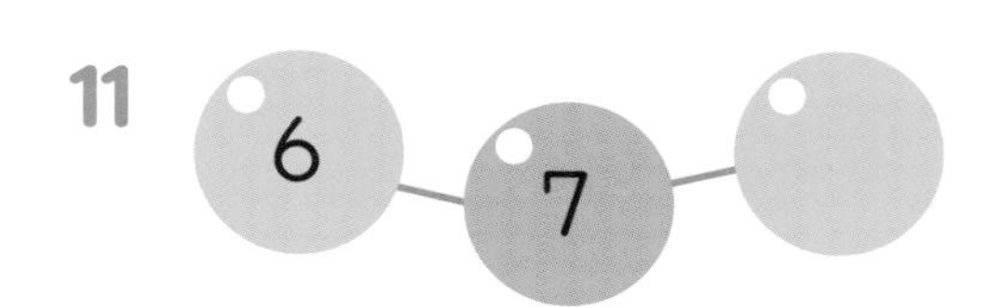

12
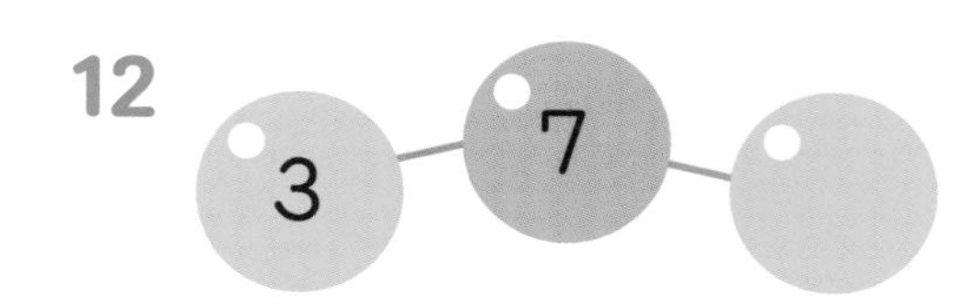

13
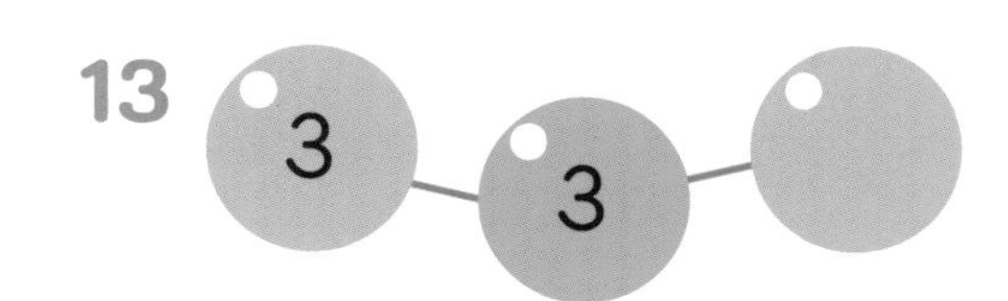

14
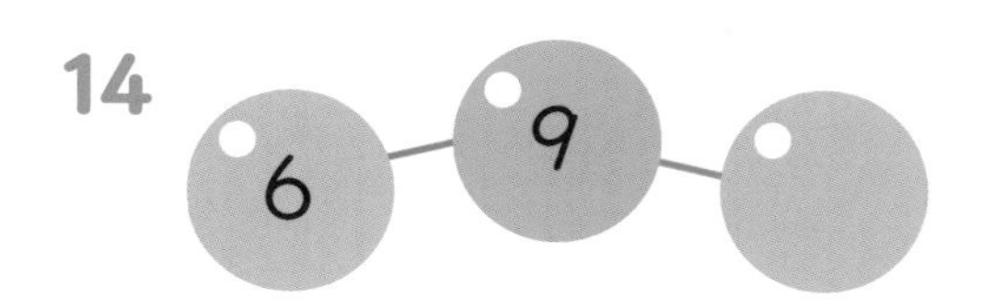

7, 8의 단 곱셈구구 1

07 A 7의 단 곱셈을 배워요

무지개 색깔의 색연필이 있습니다. 색연필의 개수를 나타낸 7의 단 곱셈의 결과를 쓰세요.

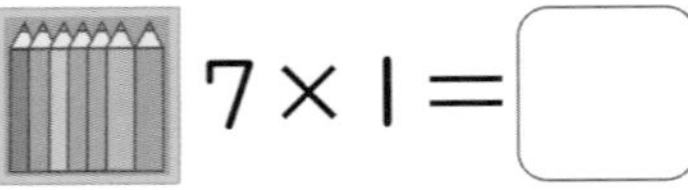

7 1은 7

$7 \times 1 =$ ☐

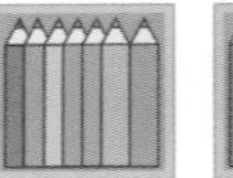  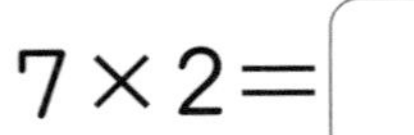

7 1은 7　7 2는 14

$7 \times 2 =$ ☐

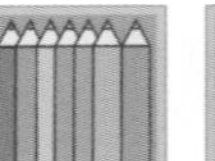 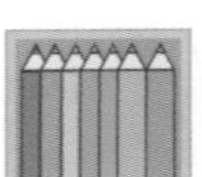  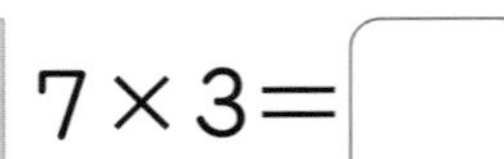

7 1은 7　7 2는 14　7 3은 21

$7 \times 3 =$ ☐

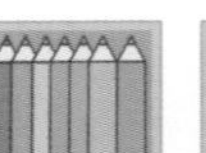 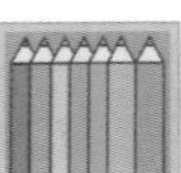   

  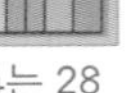

7 1은 7　7 2는 14　7 3은 21　7 4는 28

$7 \times 4 =$ ☐

7 1은 7　7 2는 14　7 3은 21　7 4는 28　7 5는 35

$7 \times 5 =$ ☐

      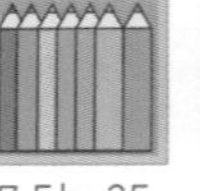  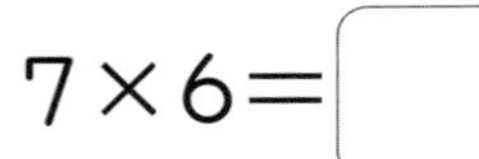

  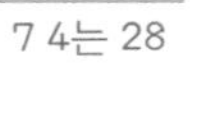

7 1은 7　7 2는 14　7 3은 21　7 4는 28　7 5는 35　7 6은 42

$7 \times 6 =$ ☐

 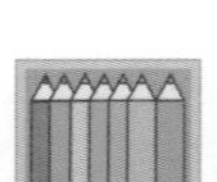 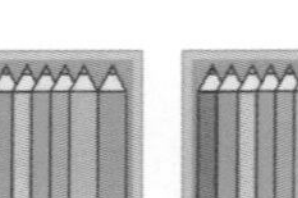 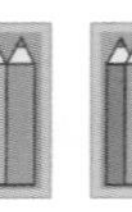  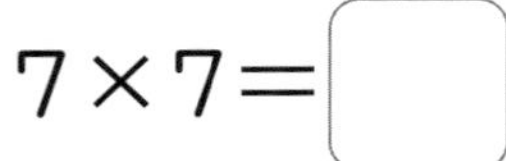

 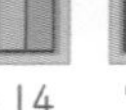 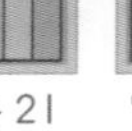 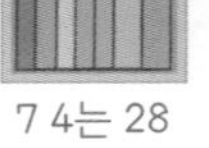  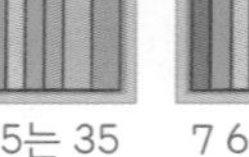   

7 1은 7　7 2는 14　7 3은 21　7 4는 28　7 5는 35　7 6은 42　7 7은 49

$7 \times 7 =$ ☐

    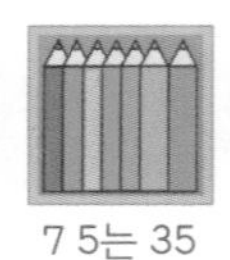   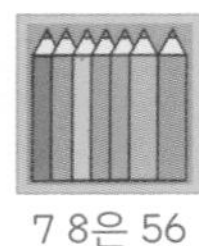 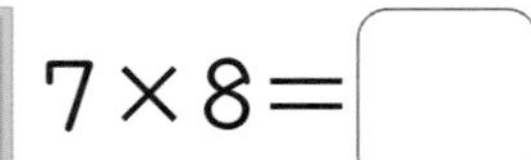

7 1은 7　7 2는 14　7 3은 21　7 4는 28　7 5는 35　7 6은 42　7 7은 49　7 8은 56

$7 \times 8 =$ ☐

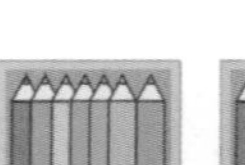 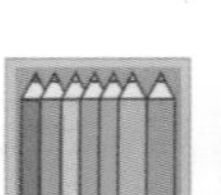 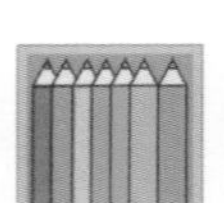    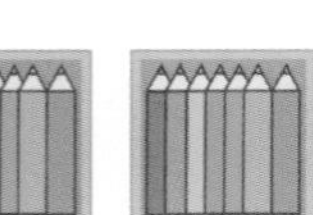  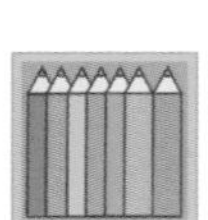

7 1은 7　7 2는 14　7 3은 21　7 4는 28　7 5는 35　7 6은 42　7 7은 49　7 8은 56　7 9는 63

$7 \times 9 =$ ☐

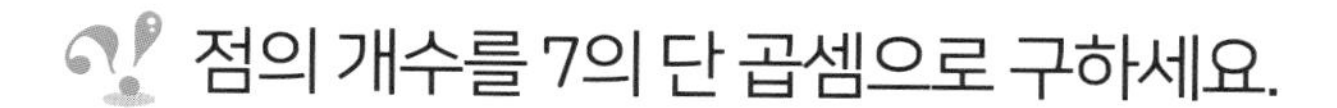

점의 개수를 7의 단 곱셈으로 구하세요.

07 B 8의 단 곱셈을 배워요

연필꽂이에 연필이 8자루씩 있습니다. 연필의 개수를 나타낸 8의 단 곱셈의 결과를 쓰세요.

$8 \times 1 = \square$

$8 \times 2 = \square$

$8 \times 3 = \square$

$8 \times 4 = \square$

$8 \times 5 = \square$

$8 \times 6 = \square$

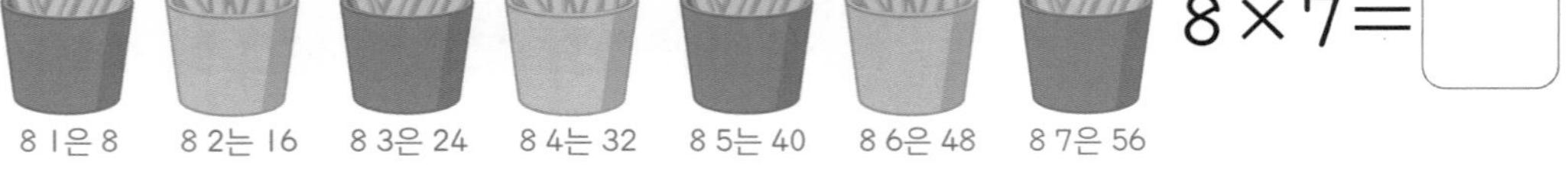

$8 \times 7 = \square$

$8 \times 8 = \square$

$8 \times 9 = \square$

문어의 다리의 개수를 8의 단 곱셈으로 구하세요.

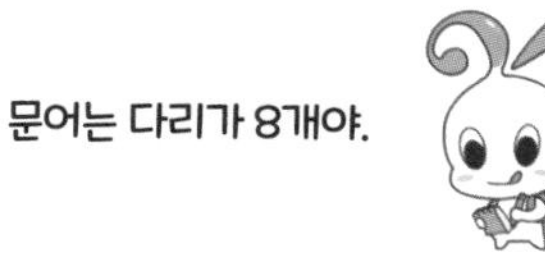

01     ☐ 개

8 1은 8　8 2는 16

02  ☐ 개

03      ☐ 개

04     ☐ 개

05     ☐ 개

06    ☐ 개

07          ☐ 개

08    ☐ 개

09           ☐ 개

7, 8의 단 곱셈구구 2

08 A 7의 단과 8의 단 곱셈을 연습해요

곱셈표를 완성하세요.

01

×	1	2	3	4	5	6	7	8	9
7									
8									

02

×	5	6	7	8
7				
8				

03

×	2	3	4
7			
8			

04

×	1	3	5	7
7				
8				

05

×	3	6	9
7			
8			

06

×	2	4	6	8
7				
8				

07

×	2	5	9
7			
8			

빈칸에 두 수의 곱을 써넣으세요.

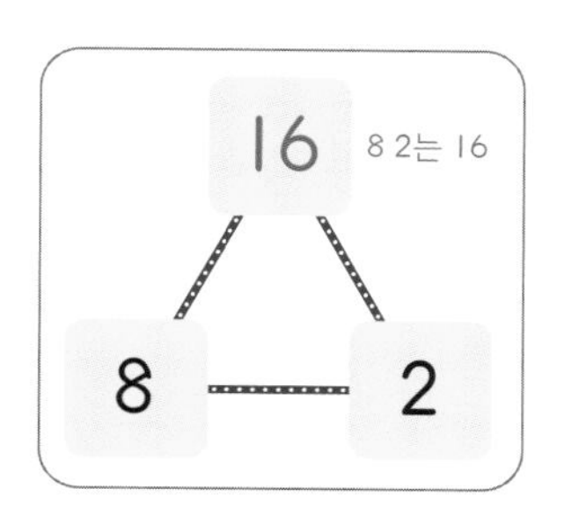

01
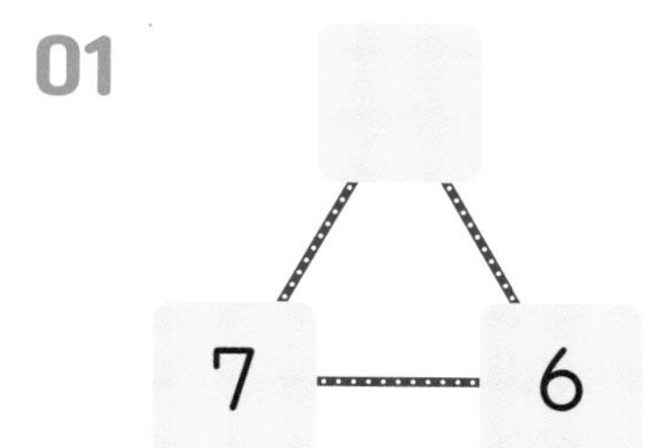

02
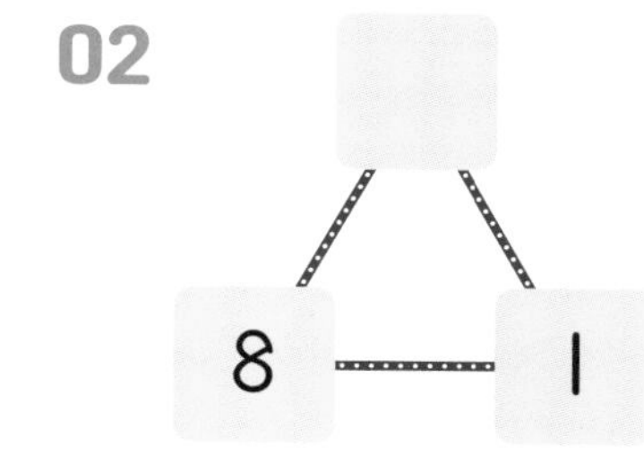

03
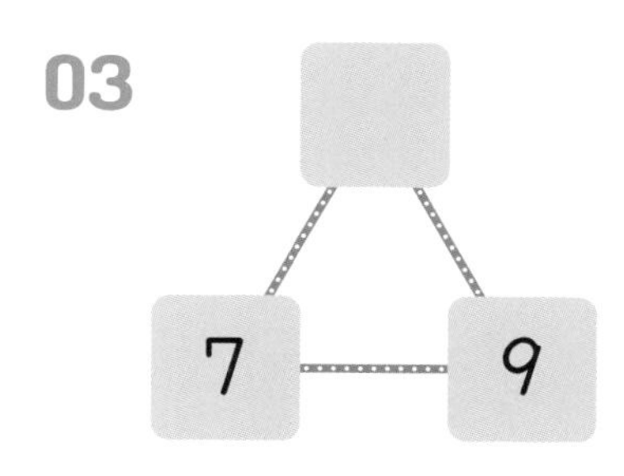

04
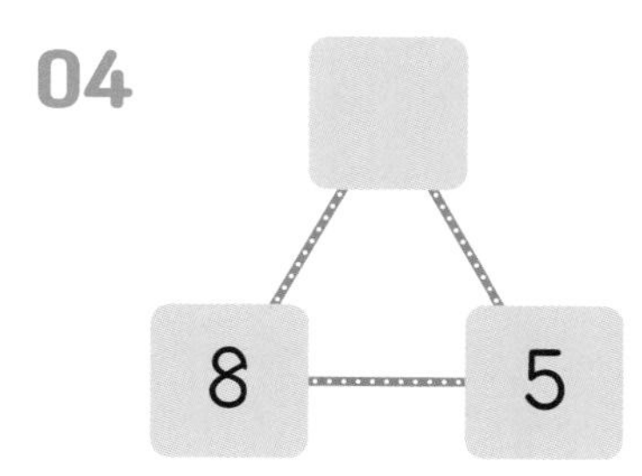

05
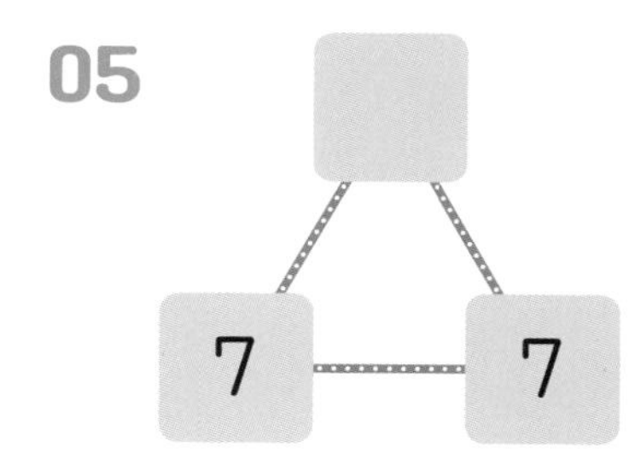

06
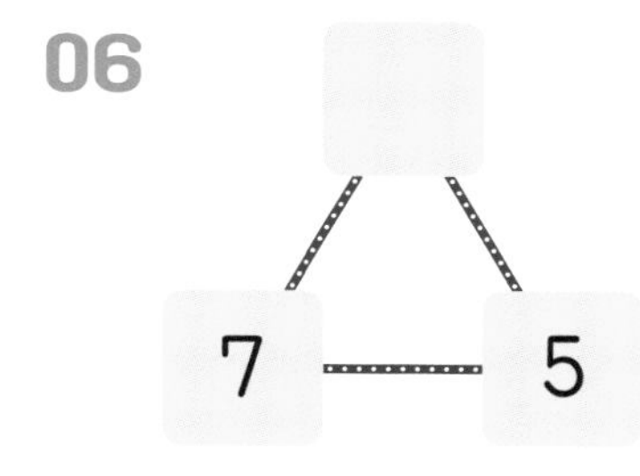

07
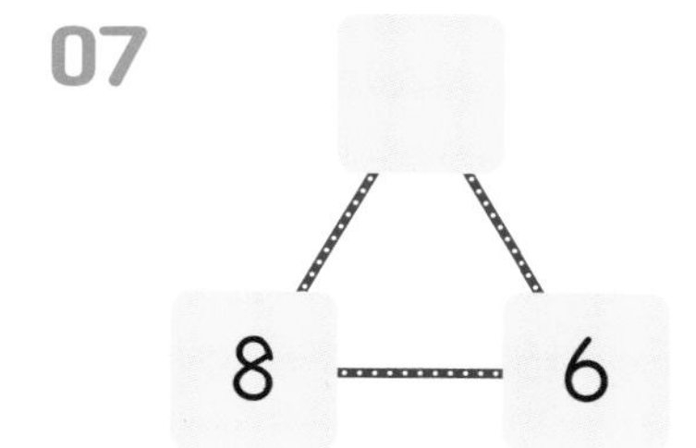

08
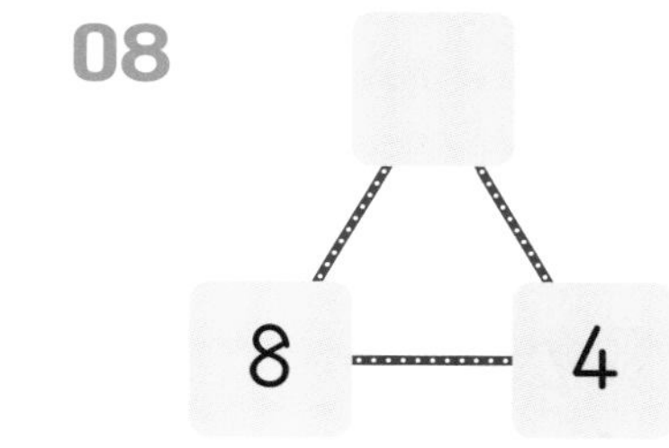

09
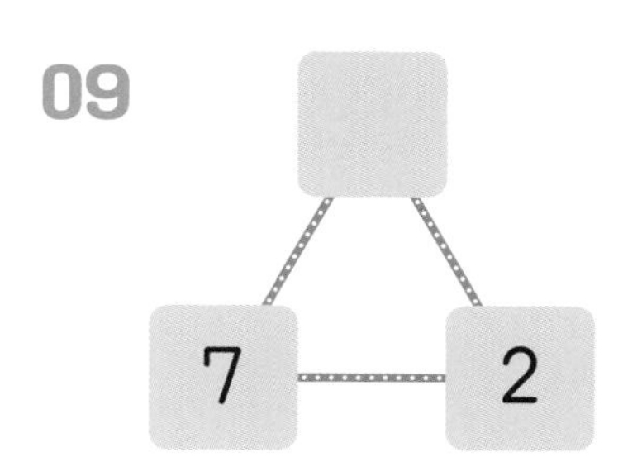

10
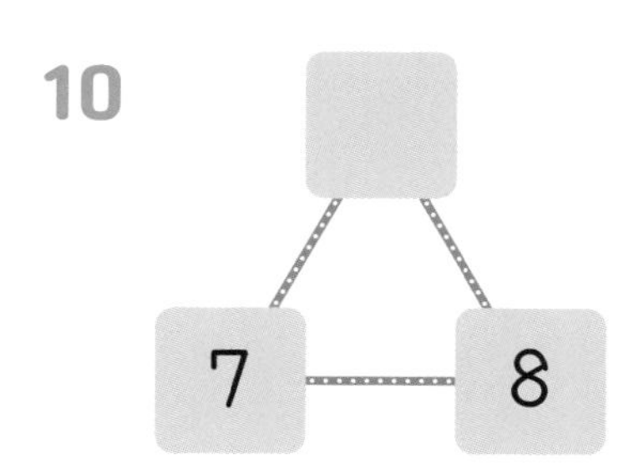

11

12
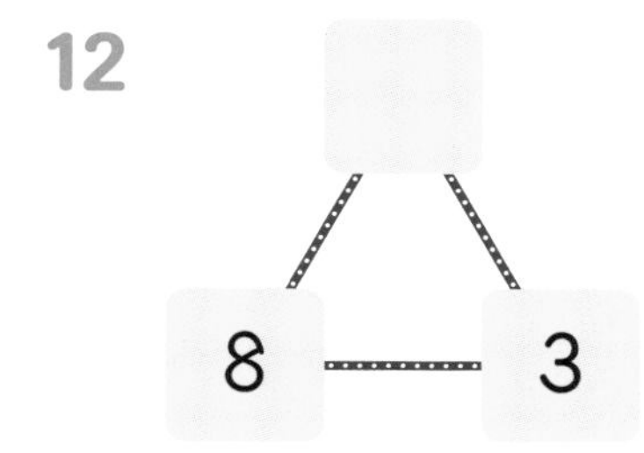

13
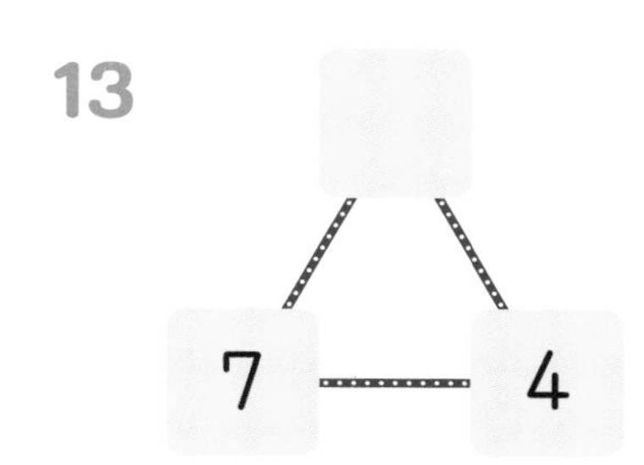

14
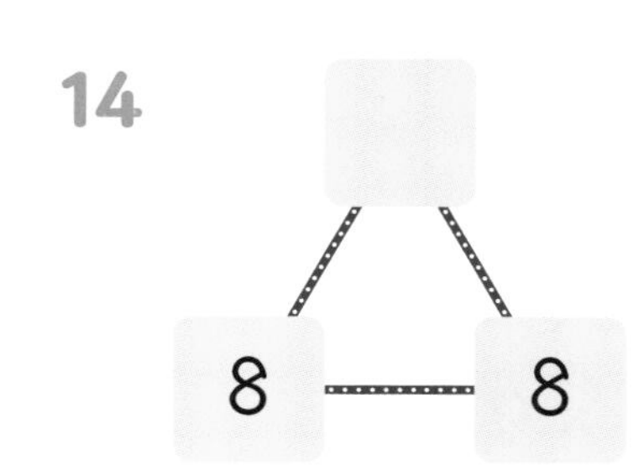

08 B
7, 8의 단 곱셈구구 2

7의 단과 8의 단 문제를 풀어요

계산하세요.

01 $8\times4=$

02 $8\times1=$

03 $7\times8=$

04 $7\times7=$

05 $8\times9=$

06 $7\times4=$

07 $7\times2=$

08 $8\times6=$

09 $7\times9=$

10 $8\times8=$

11 $7\times6=$

12 $8\times2=$

13 $7\times4=$

14 $8\times5=$

15 $8\times3=$

16 $8\times3=$

17 $7\times3=$

18 $7\times6=$

19 $8\times7=$

20 $8\times5=$

21 $8\times8=$

22 $7\times9=$

23 $7\times5=$

24 $7\times1=$

빈칸에 두 수의 곱을 써넣으세요.

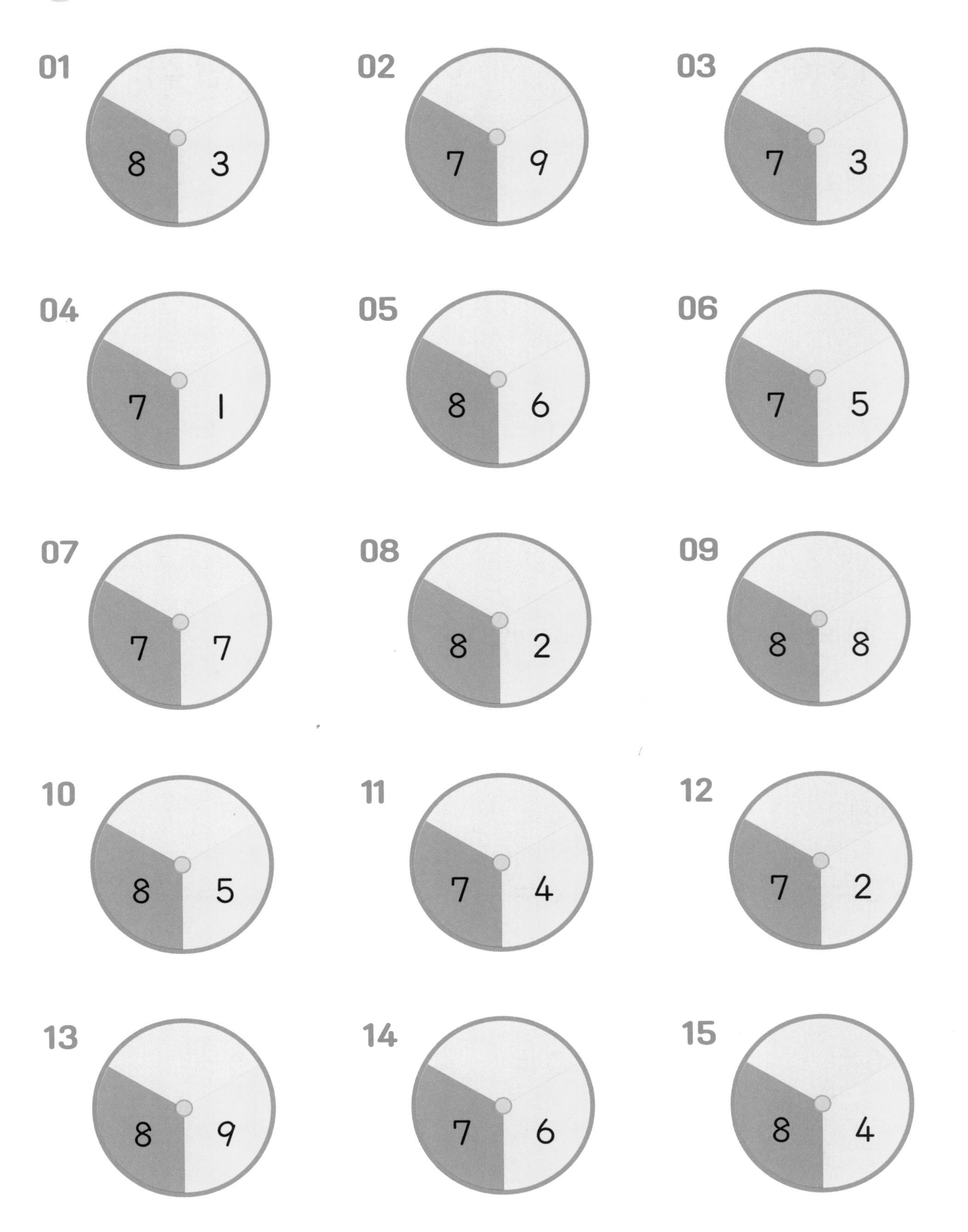

1과 0의 곱

09 A 1과 0의 곱셈은 특별해요

(어떤 수)의 1배는 (어떤 수)이고, 1의 (어떤 수)배도 (어떤 수)입니다.

$1 \times$(어떤 수)$=$(어떤 수)　　(어떤 수)$\times 1 =$(어떤 수)

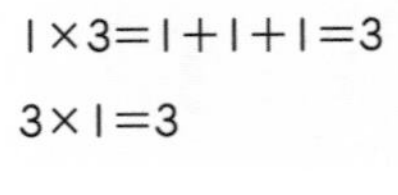

계산하세요.

01 $1 \times 6 =$　　02 $4 \times 1 =$　　03 $1 \times 9 =$

04 $1 \times 7 =$　　05 $5 \times 1 =$　　06 $8 \times 1 =$

(어떤 수)의 0배는 0이고, 0의 (어떤 수)배도 0입니다.

$0 \times$(어떤 수)$=0$　　(어떤 수)$\times 0 = 0$

계산하세요.

07 $0 \times 3 =$　　08 $0 \times 6 =$　　09 $0 \times 2 =$

10 $5 \times 0 =$　　11 $4 \times 0 =$　　12 $9 \times 0 =$

빈칸에 두 수의 곱을 써넣으세요.

01

02

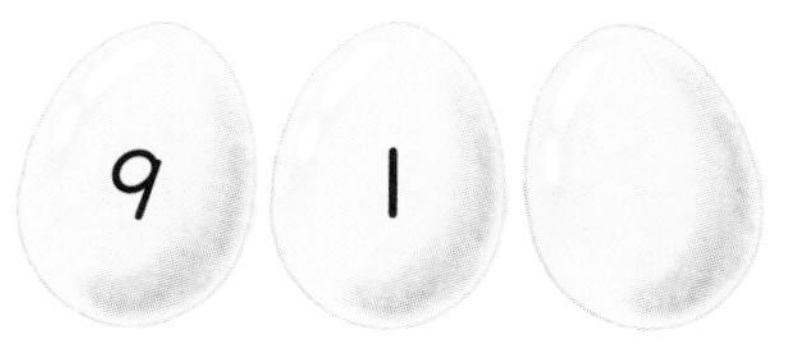

03

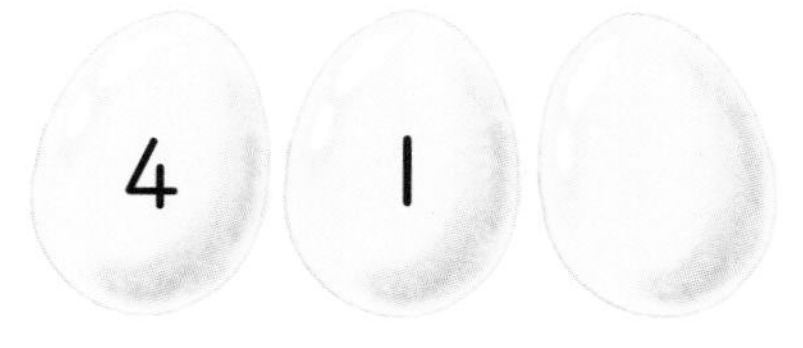

04

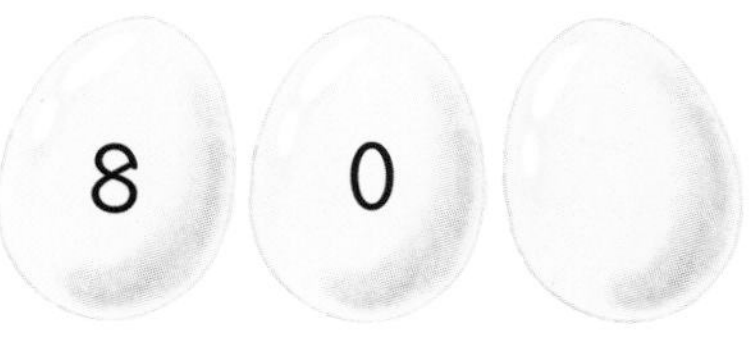

05

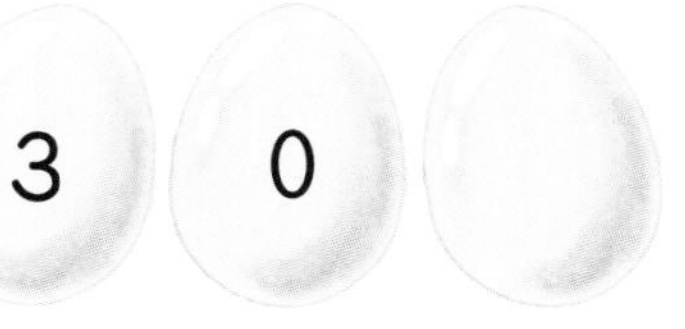

06

07

08

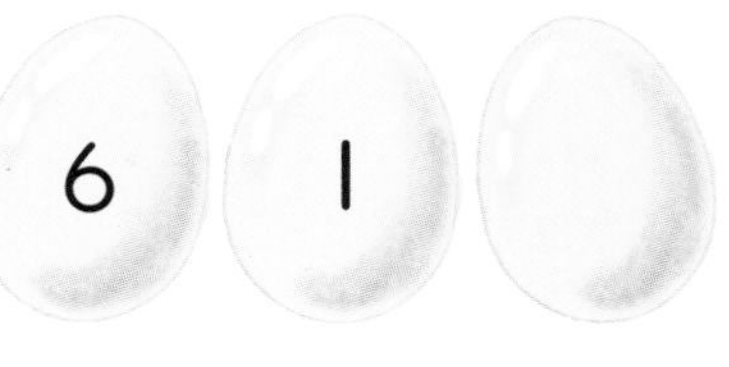

09

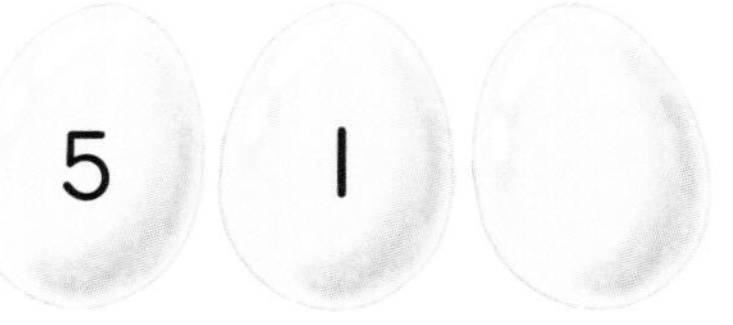

10

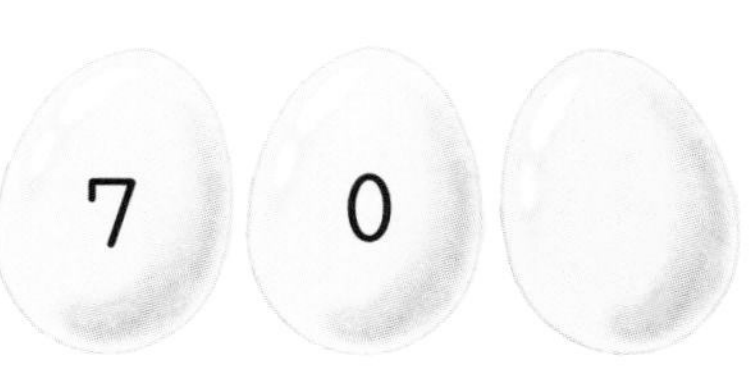

11

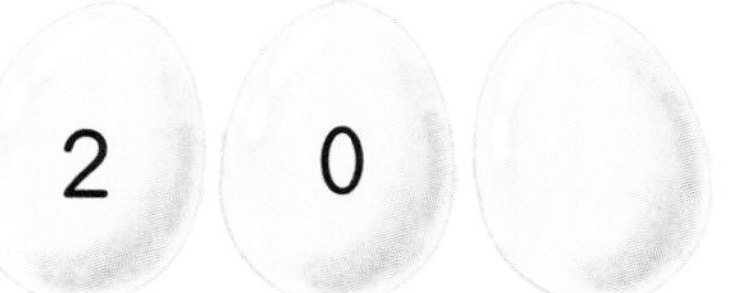

12

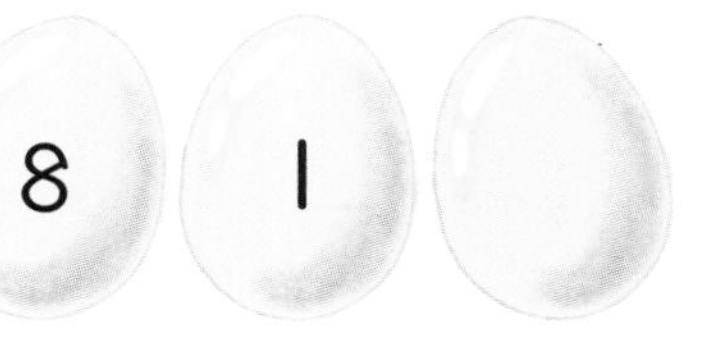

이런 문제를 다루어요

01 화분 하나에 꽃이 3송이씩 있습니다. 화분 6개에 있는 꽃은 모두 몇 송이인지 곱셈식으로 나타내세요.

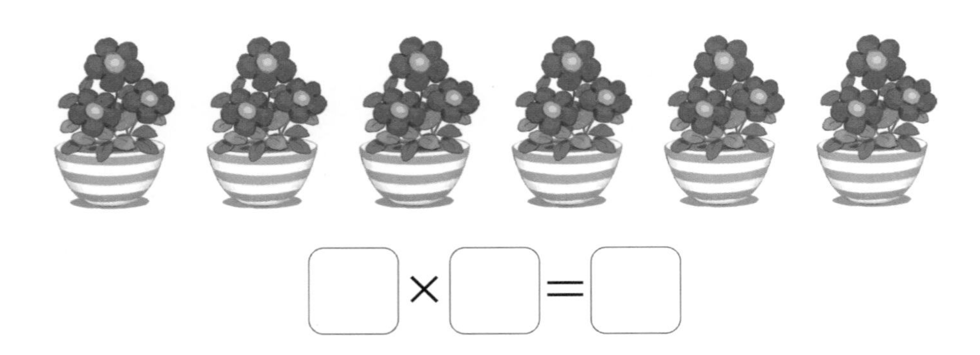

$\square \times \square = \square$

02 문어의 다리는 8개입니다. 문어 5마리의 다리는 모두 몇 개인지 곱셈식으로 나타내세요.

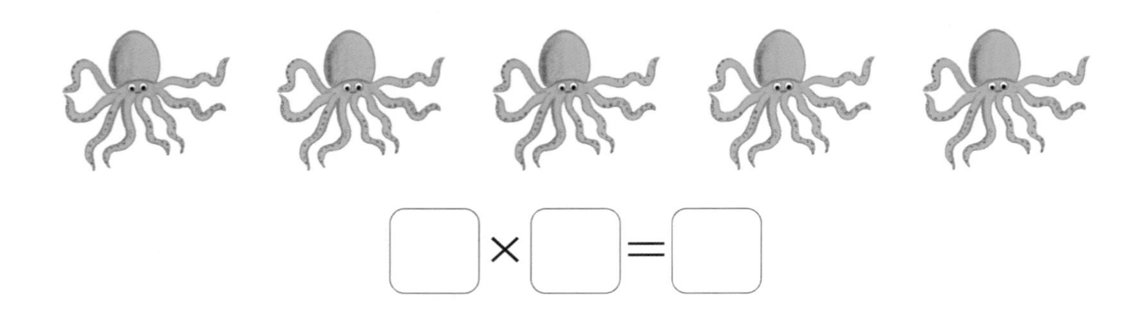

$\square \times \square = \square$

03 곱셈을 계산하고, 곱이 같은 것끼리 선으로 연결하세요.

$2 \times 6 = \square$ •	• $3 \times 6 = \square$
$9 \times 2 = \square$ •	• $6 \times 4 = \square$
$8 \times 3 = \square$ •	• $4 \times 3 = \square$

04 사탕이 모두 몇 개인지 두 가지 곱셈식으로 나타내세요.

□ × □ = □

□ × □ = □

05 다음과 같이 □ 안에 알맞은 수를 써넣으세요.

$4 \times 8 = 8 \times 4 = 32$

$7 \times 6 = \square \times \square = \square$

$5 \times 9 = \square \times \square = \square$

06 다트를 던져 1점 2번, 2점 4번, 3점 1번, 4점 5번을 맞추었습니다. 얻은 점수는 모두 몇 점일까요?

답 : ________ 점

07 곱셈표를 완성하세요.

×	2	3	5	7
1				
4				
6				
8				

×	0	4	6	8
3				
5				
7				
9				

팬케이크 자르기

팬케이크를 칼로 한 번 자르면 2조각으로 나누어집니다.

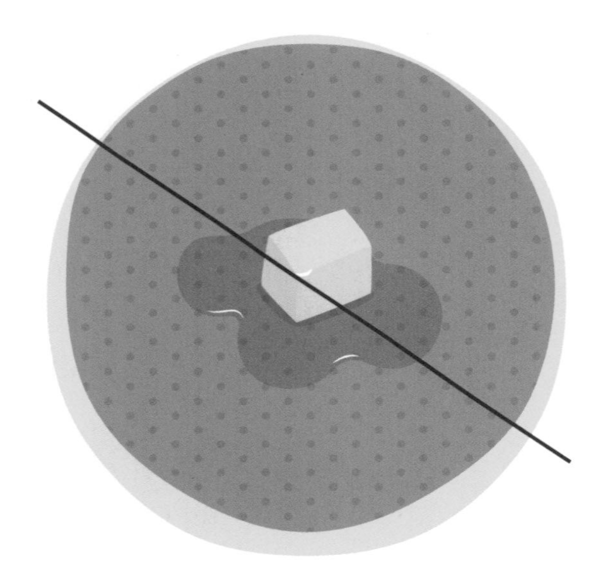

팬케이크가 가장 많은 조각으로 나누어지도록 3번 자르는 선을 그리고, 몇 조각으로 나누어지는지 쓰세요. 단, 팬케이크는 얇아서 옆으로 자를 수 없습니다.

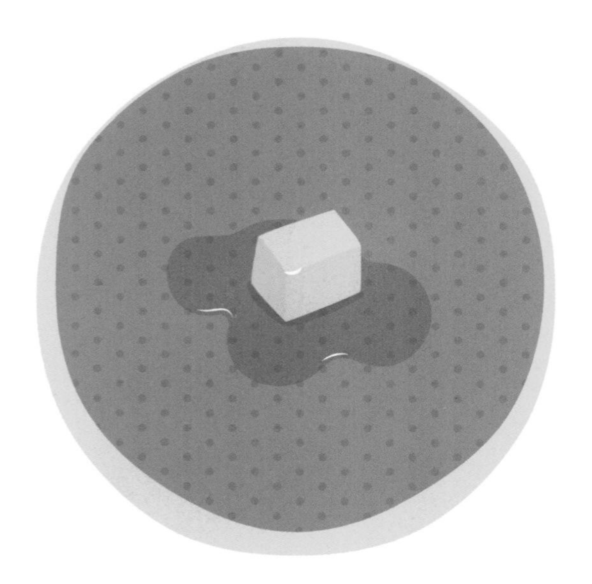

곱셈식의 □ 구하기

차시별로 정답률을 확인하고, 성취도에 O표 하세요.

80% 이상 맞혔어요. 60% ~ 80% 맞혔어요. 60% 이하 맞혔어요.

차시	단원	성취도
10	벌레 먹은 곱셈 1	
11	벌레 먹은 곱셈 2	
12	곱셈표 완성하기	

곱셈구구를 이용해서 벌레 먹은 식을 완성할 수 있습니다.

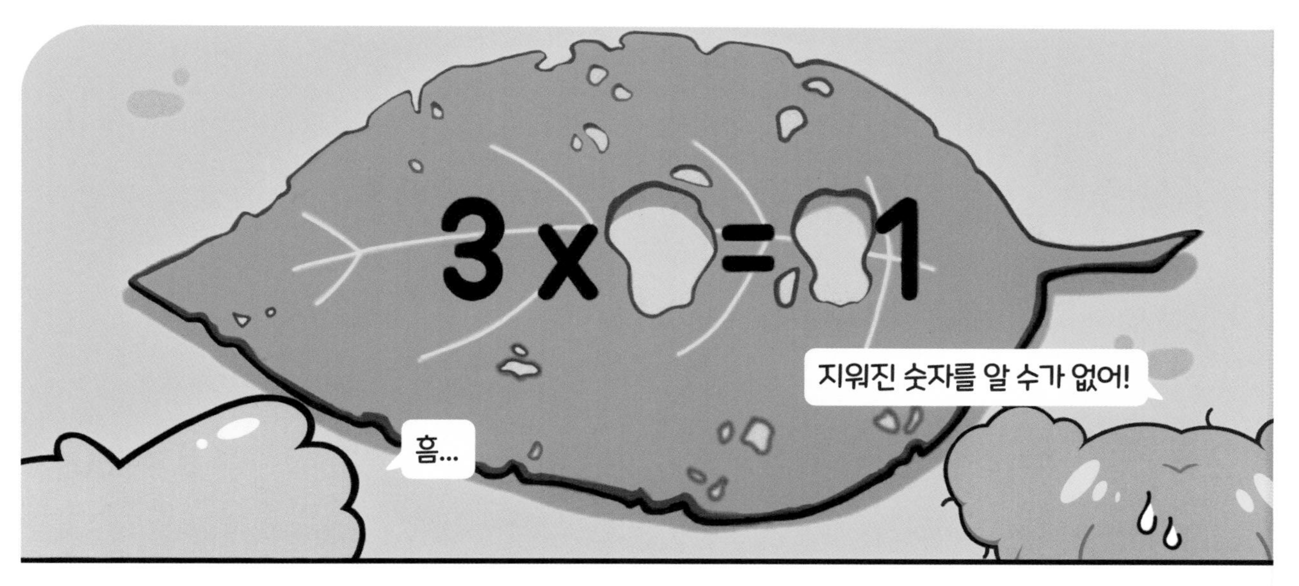

벌레 먹은 곱셈 1

Ⓐ 곱셈식의 수 하나를 구해요

□ 안에 알맞은 수를 써넣으세요.

01 $4\times\square=12$

02 $6\times\square=36$

03 $\square\times9=54$

04 $\square\times2=14$

05 $1\times\square=4$

06 $7\times\square=14$

07 $5\times\square=45$

08 $\square\times3=15$

09 $3\times\square=9$

10 $\square\times8=48$

11 $\square\times4=32$

12 $\square\times6=18$

13 $2\times\square=4$

14 $5\times\square=25$

15 $\square\times5=20$

16 $\square\times7=35$

17 $7\times\square=7$

18 $8\times\square=24$

19 $\square\times1=6$

20 $9\times\square=72$

21 $\square\times4=28$

□ 안에 알맞은 수를 써넣으세요.

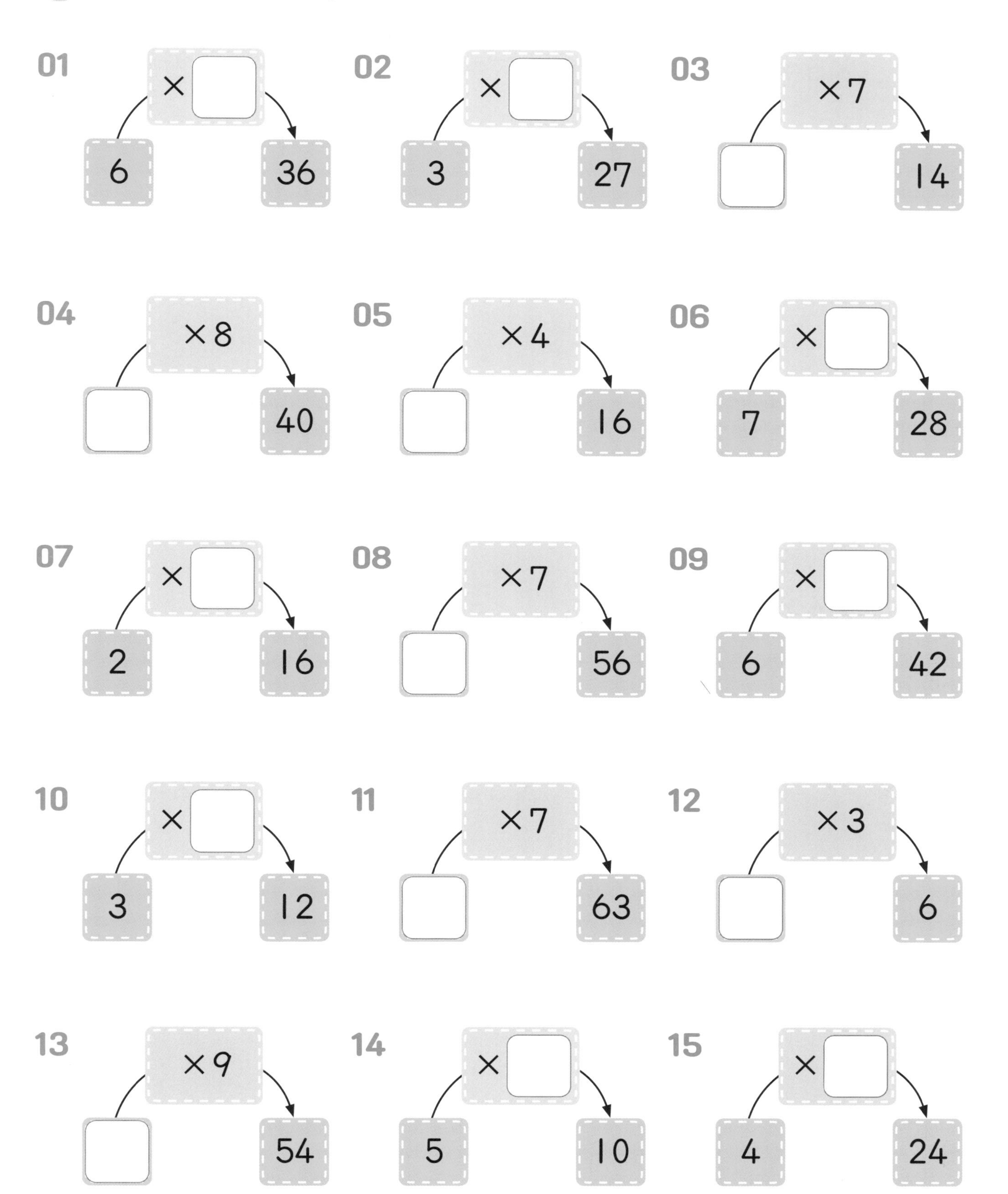

10 B 곱셈구구를 차례로 생각하면서 답을 찾아요

□ 안에 알맞은 수를 써넣으세요.

01 □×5=40

02 1×□=9

03 □×2=8

04 5×□=20

05 □×9=27

06 7×□=42

07 □×4=28

08 7×□=49

09 □×3=24

10 □×6=30

11 4×□=32

12 9×□=81

13 6×□=6

14 □×5=10

15 □×8=64

16 8×□=56

17 □×7=21

18 2×□=18

19 □×1=7

20 3×□=18

21 □×9=72

빈칸에 알맞은 수를 써넣으세요.

01
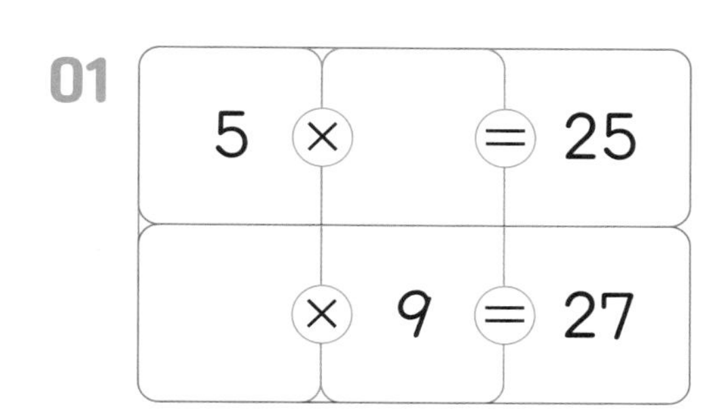

02
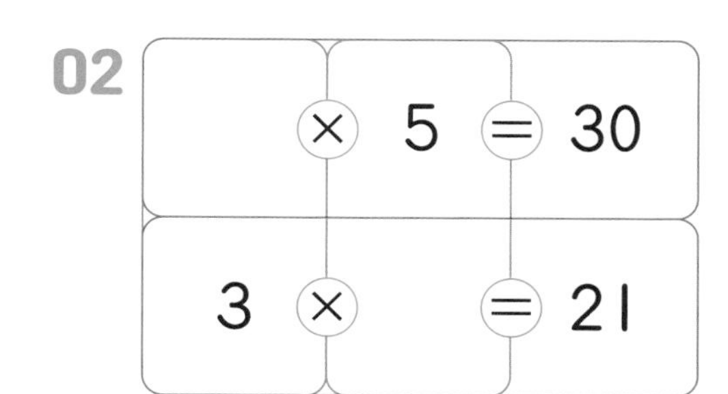

03
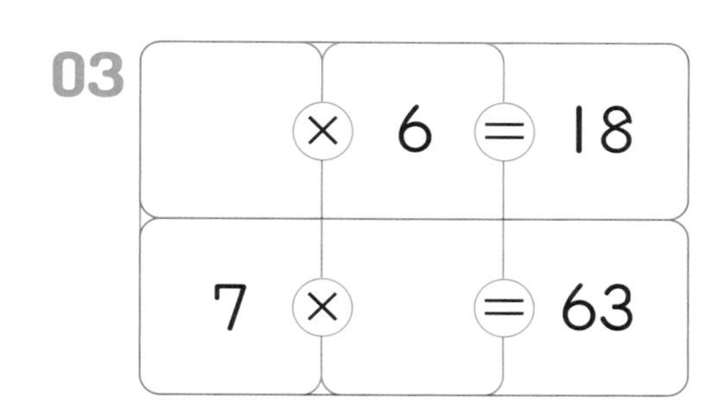

04
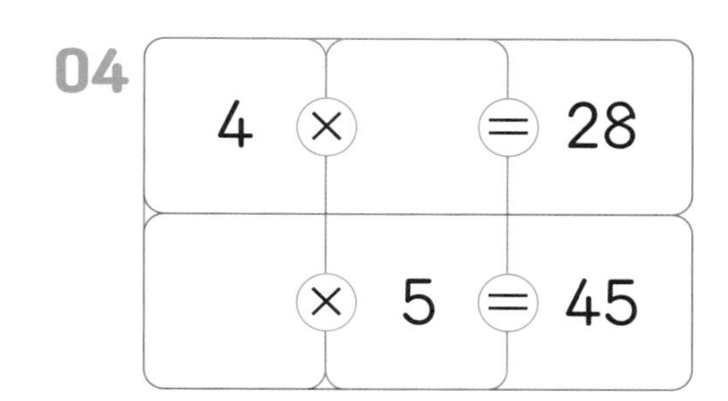

05
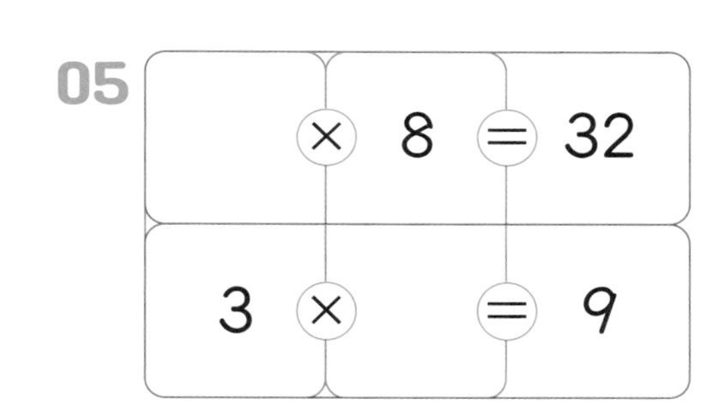

06
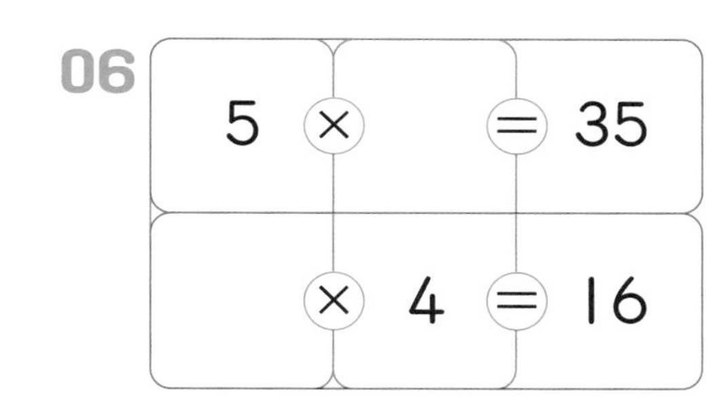

07
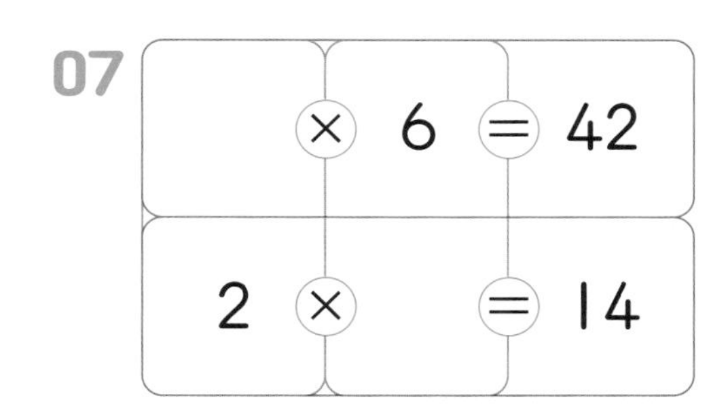

08
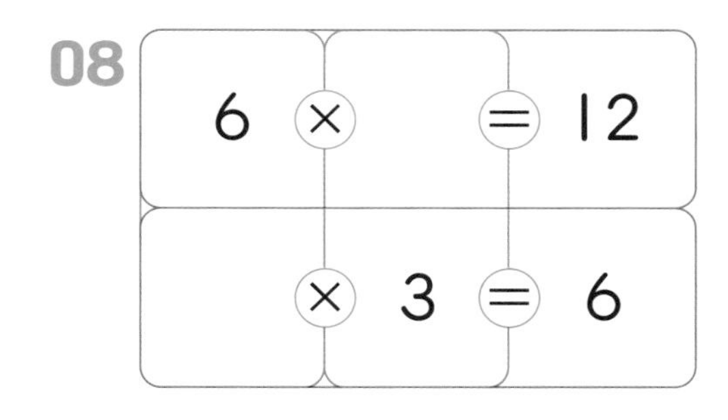

09
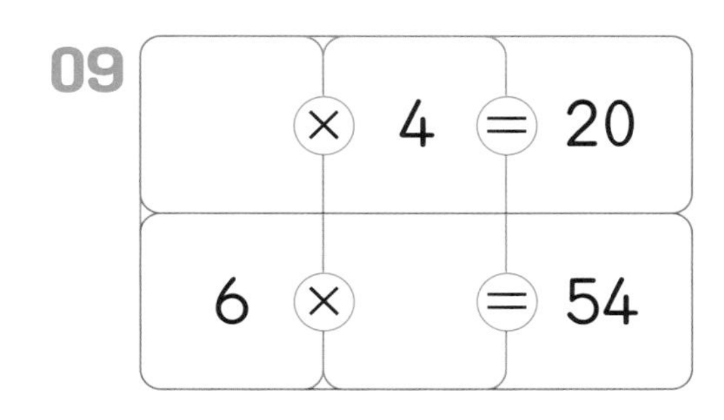

10
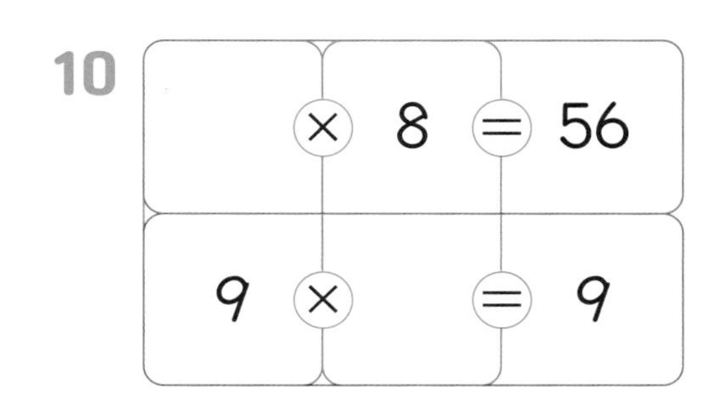

벌레 먹은 곱셈 2

A 비어 있는 칸의 숫자를 찾을 수 있어요

곱셈값의 일부를 보고 곱한 수를 찾을 수 있습니다.

3 × [4] = [1]2

3의 곱 중에서 일의 자리가 2로 끝나는 수는 3×4=12!

□ 안에 알맞은 숫자를 써넣으세요.

01 3 × □ = □5

02 □ × 7 = □8

03 8 × □ = 3□

04 □ × 7 = 1□

05 □ × 9 = 2□

06 7 × □ = □9

07 4 × □ = □0

08 □ × 6 = 2□

09 □ × 7 = □2

10 9 × □ = □4

11 7 × □ = 6□

12 □ × 8 = 6□

13 □ × 6 = 5□

14 9 × □ = □3

빈칸에 알맞은 숫자를 써넣으세요.

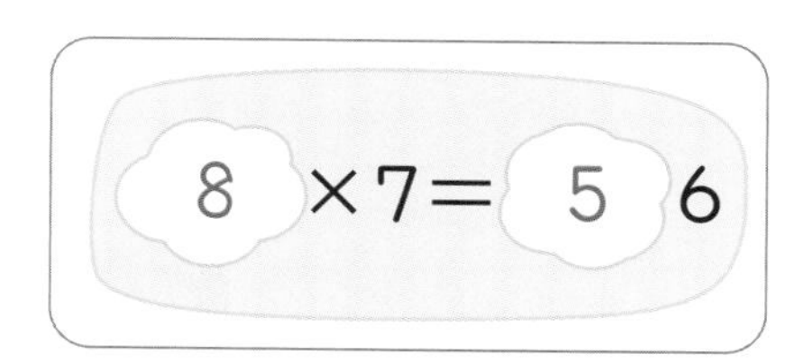

01 □×8=1□

02 6×□=□0

03 8×□=2□

04 □×3=□8

05 8×□=5□

06 3×□=□7

07 7×□=□1

08 9×□=□6

09 □×9=□8

10 □×8=□0

11 3×□=□2

12 □×9=□5

13 □×9=8□

11 벌레 먹은 곱셈 2
B 두 가지의 답을 찾아요

곱셈값의 일부를 보고 곱한 수를 두 가지 찾을 수 있는 경우가 있습니다.

$6 \times \boxed{4} = \boxed{2}4$

$6 \times \boxed{9} = \boxed{5}4$

곱하는 수가 2, 4, 6, 8일 때는 일의 자리 숫자만 보고 찾을 수 있는 곱셈식이 2가지야.

□ 안에 알맞은 숫자를 써넣으세요.

01
$2 \times \square = 6$
$2 \times \square = \square 6$

02
$\square \times 4 = 8$
$\square \times 4 = \square 8$

03
$8 \times \square = \square 4$
$8 \times \square = \square 4$

04
$\square \times 6 = \square 8$
$\square \times 6 = \square 8$

05
$6 \times \square = \square 2$
$6 \times \square = \square 2$

06
$\square \times 4 = \square 6$
$\square \times 4 = \square 6$

07
$7 \times \square = 4\square$
$7 \times \square = 4\square$

08
$\square \times 5 = 3\square$
$\square \times 5 = 3\square$

□ 안에 알맞은 숫자를 써넣으세요.

01

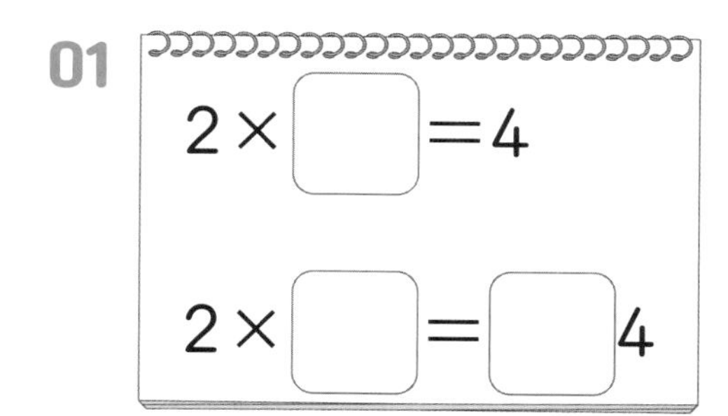

02

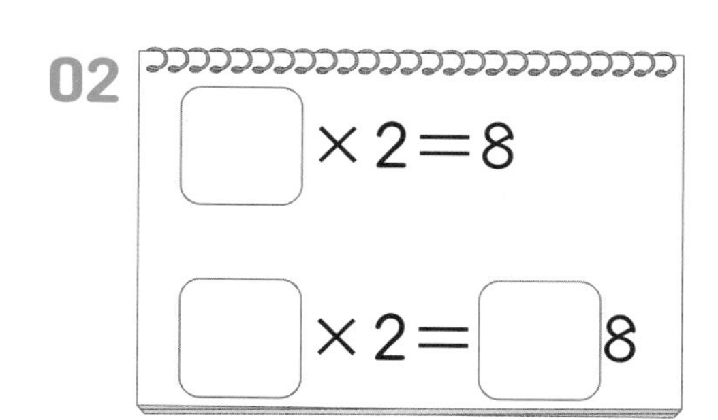

03

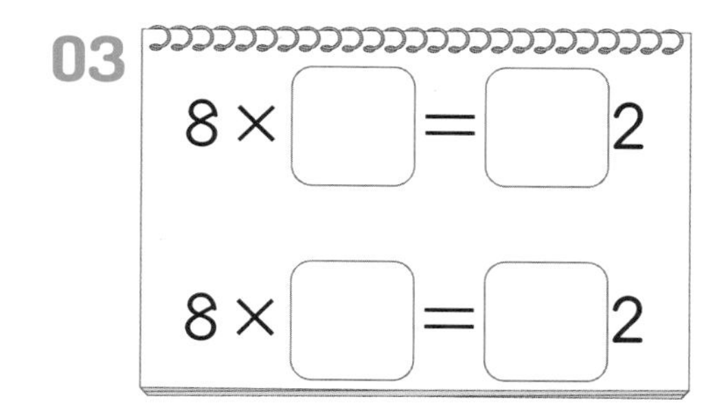

04

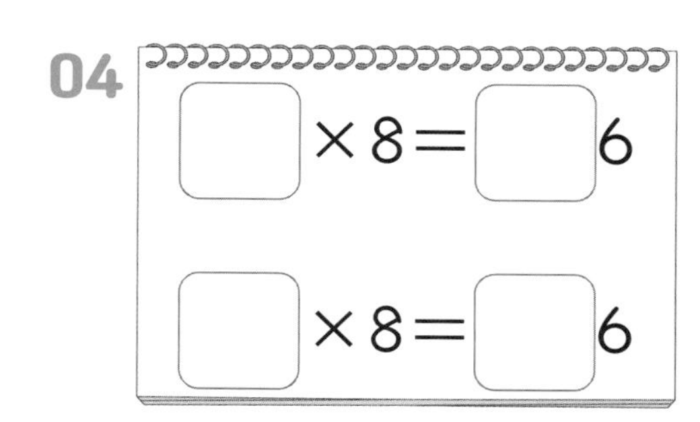

05

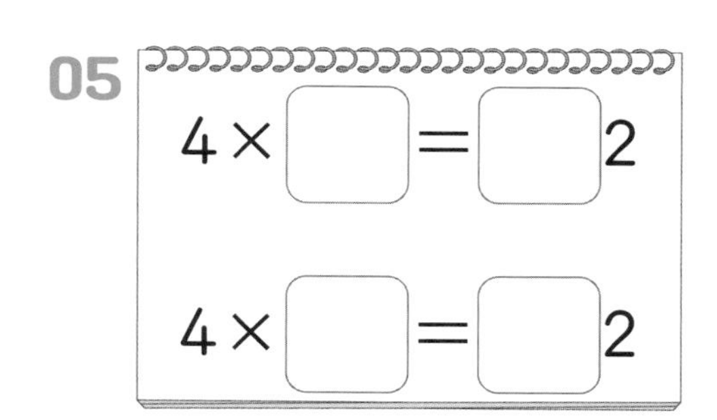

06

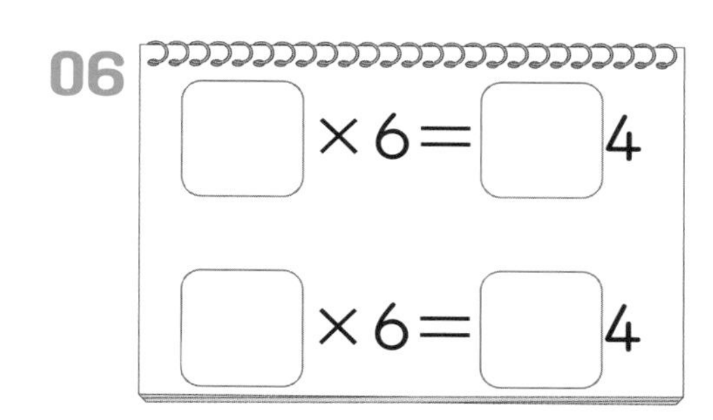

07

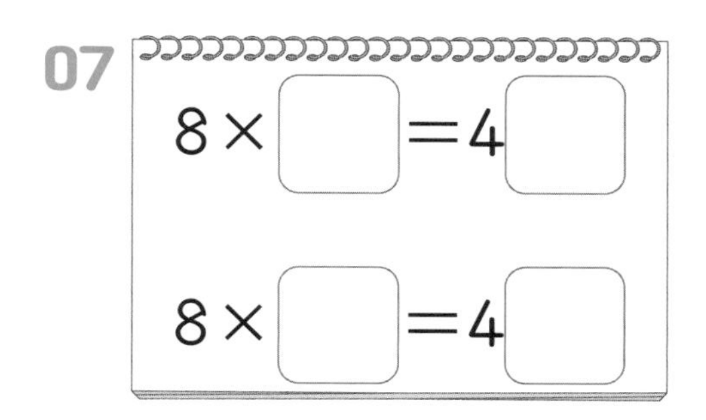

08

□ × 5 = 4□

□ × 5 = 4□

09

6 × □ = 3□

6 × □ = 3□

10

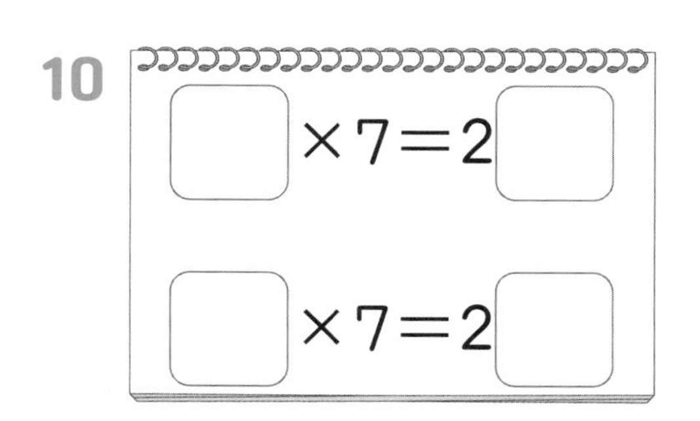

곱셈표 완성하기

12 A 어떤 수의 곱인지 찾아요

곱셈표의 빈칸에 알맞은 수를 써넣으세요.

01

×			8
3	15		
4		24	

02

×		9	
2			8
4	32		

03

×	4		
6			18
8		16	

04

×		3	
7	7		
8			40

05

×		6	9	
5				
2	10			4

06

×	3		7	
9		54		
6				24

07

×	8			
1			2	
9		9		27

08

×			9	
3	18	15		
7				14

곱셈표의 빈칸에 알맞은 수를 써넣으세요.

01

×			
	2	4	9
	6	12	27
	12	24	54

9, 27, 54가 모두 들어가는 단은 몇 단일까?

02

×			
	20	24	12
	10	12	6
	40	48	24

03

×			
	27	21	24
	72	56	64
	54	42	48

04

×			
	5	25	30
	4	20	24
	9	45	54

05

×			
	14	18	10
	7	9	5
	28	36	20

06

×			
	63	27	18
	28	12	8
	49	21	14

이런 문제를 다루어요

01 곱이 18인 곱셈구구를 구하려 합니다. 물음에 답하세요.

· 6의 단에서 곱이 18인 곱셈구구를 구하세요. ________

· 2의 단에서 곱이 18인 곱셈구구를 구하세요. ________

· 다른 단에서도 곱이 18인 곱셈구구를 모두 구하세요. ________, ________

02 곱셈구구표에서 8×3과 곱이 같은 곱셈구구를 모두 쓰세요.

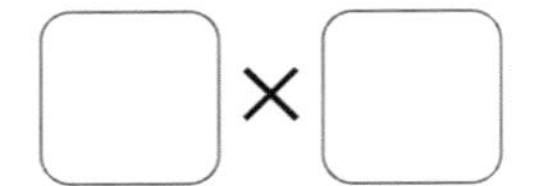

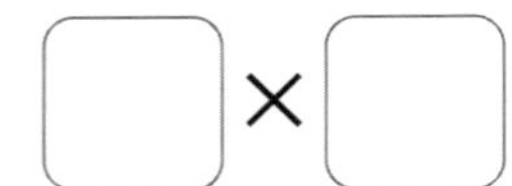

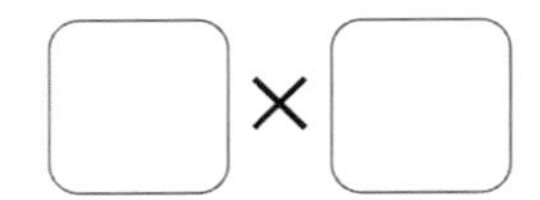

03 다음과 같이 숫자 카드를 한 번씩만 사용하여 □ 안에 알맞은 숫자를 써넣으세요.

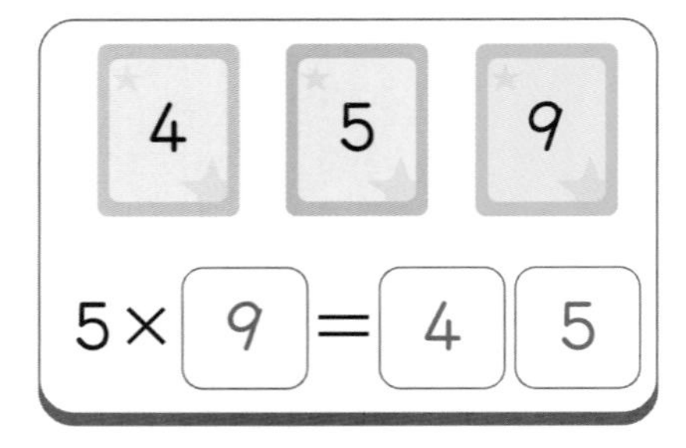

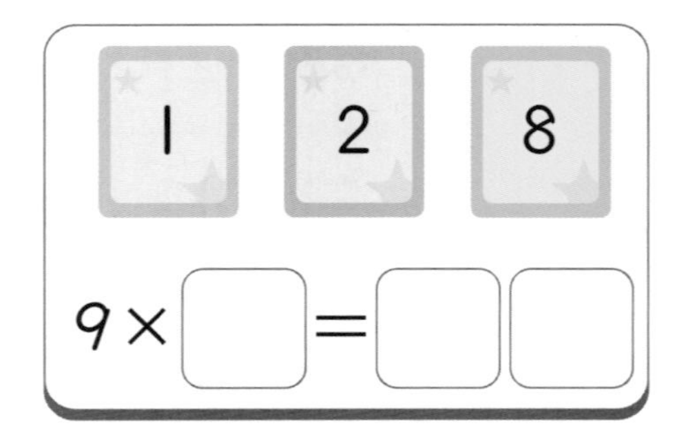

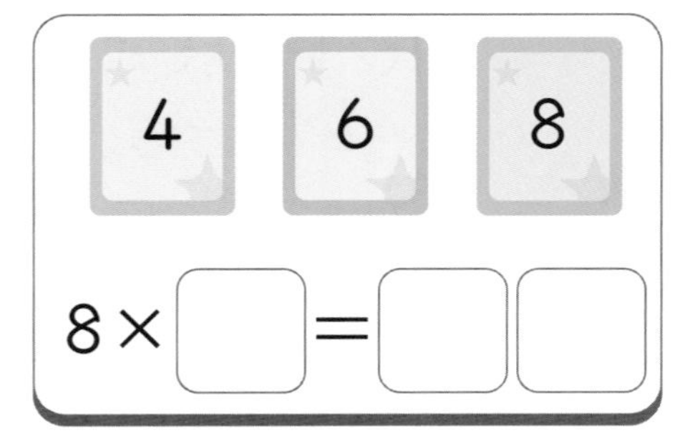

04 □ 안에 공통으로 알맞은 수를 써넣으세요.

$2\times\square=0$ $6\times\square=0$ $9\times\square=0$ $4\times\square=0$

$4\times\square=4$ $7\times\square=7$ $8\times\square=8$ $3\times\square=3$

05 □ 안에 알맞은 수를 써넣으세요.

$7\times\square=28$ $\square\times2=8$ $1\times\square=9$

$\square\times3=15$ $8\times\square=56$ $\square\times5=30$

$4\times\square=36$ $9\times\square=18$ $6\times\square=0$

06 어떤 수인지 구하세요.

- 6의 단 곱셈구구에 나오는 수예요.
- 8×3보다 큰 수예요.
- 5의 단 곱셈구구에도 나와요.

라틴 방진

서로 다른 수가 한 번씩 나오도록 배치하는 것을 라틴 방진이라고 합니다.

다음은 수 1, 2, 3이 가로줄과 세로줄에 한 번씩 나오고, 같은 색의 칸에 역시 한 번씩 나오는 라틴 방진입니다.

1	3	2
2	1	3
3	2	1

빈칸에 수가 가로줄과 세로줄, 같은 색의 칸에 한 번씩 나오도록 1, 2, 3, 4를 써넣으세요.

1			
	2		4
4	3		

길이의 계산

차시별로 정답률을 확인하고, 성취도에 O표 하세요.

80% 이상 맞혔어요. 60% ~ 80% 맞혔어요. 60% 이하 맞혔어요.

차시	단원	성취도
13	m와 cm	
14	받아올림 없는 길이의 덧셈	
15	받아올림 있는 길이의 덧셈	
16	길이의 덧셈 연습	
17	받아내림 없는 길이의 뺄셈	
18	받아내림 있는 길이의 뺄셈	
19	길이의 뺄셈 연습	
20	길이의 덧셈과 뺄셈 종합 연습	

100 cm는 1 m입니다.

m와 cm

13 A 1 m는 100 cm로 바꿀 수 있어요

100 cm는 1 m와 같습니다. 1 m는 1 미터라고 읽습니다.

$$100\text{ cm}=1\text{ m}$$

다음과 같이 m를 cm로 바꿀 수 있습니다.

$$2\text{ m }5\text{ cm}=200\text{ cm}+5\text{ cm}=205\text{ cm}$$

2 m 5 cm는 2 m보다 5 cm 더 긴 길이야.

□ 안에 알맞은 수를 써넣으세요.

1 m 5 cm를 15 cm로 쓰는 실수를 하지 않도록 해!

01 1 m 56 cm = □ cm + 56 cm = □ cm

02 3 m 27 cm = □ cm + 27 cm = □ cm

03 8 m 13 cm = □ cm + 13 cm = □ cm

04 4 m 60 cm = □ cm + 60 cm = □ cm

05 5 m 39 cm = □ cm + 39 cm = □ cm

06 2 m 7 cm = □ cm + 7 cm = □ cm

□ 안에 알맞은 수를 써넣으세요.

01 2 m= □ cm

02 6 m= □ cm

03 2 m 71 cm= □ cm

04 1 m 5 cm= □ cm

05 8 m 13 cm= □ cm

06 4 m 1 cm= □ cm

07 9 m 60 cm= □ cm

08 9 m 48 cm= □ cm

09 7 m 4 cm= □ cm

10 3 m 29 cm= □ cm

11 2 m 54 cm= □ cm

12 1 m 42 cm= □ cm

13 8 m 66 cm= □ cm

14 5 m 11 cm= □ cm

15 5 m 9 cm= □ cm

16 6 m 58 cm= □ cm

13 m와 cm

Ⓑ 100 cm는 1 m로 바꿀 수 있어요

다음과 같이 cm를 m로 바꿀 수 있습니다.

329 cm＝300 cm＋29 cm＝3 m 29 cm

□ 안에 알맞은 수를 써넣으세요.

01 249 cm＝□ cm＋49 cm＝□ m □ cm

02 907 cm＝□ cm＋7 cm＝□ m □ cm

03 186 cm＝□ cm＋86 cm＝□ m □ cm

04 478 cm＝□ cm＋78 cm＝□ m □ cm

05 850 cm＝□ cm＋50 cm＝□ m □ cm

06 653 cm＝□ cm＋53 cm＝□ m □ cm

07 503 cm＝□ cm＋3 cm＝□ m □ cm

08 237 cm＝□ cm＋37 cm＝□ m □ cm

□ 안에 알맞은 수를 써넣으세요.

01 514 cm= □ m □ cm

02 102 cm= □ m □ cm

03 295 cm= □ m □ cm

04 561 cm= □ m □ cm

05 153 cm= □ m □ cm

06 925 cm= □ m □ cm

07 328 cm= □ m □ cm

08 250 cm= □ m □ cm

09 434 cm= □ m □ cm

10 539 cm= □ m □ cm

11 895 cm= □ m □ cm

12 776 cm= □ m □ cm

13 674 cm= □ m □ cm

14 287 cm= □ m □ cm

15 363 cm= □ m □ cm

16 299 cm= □ m □ cm

받아올림 없는 길이의 덧셈

m끼리 cm끼리 더해요

두 길이를 더할 때는 m끼리, cm끼리 계산합니다.

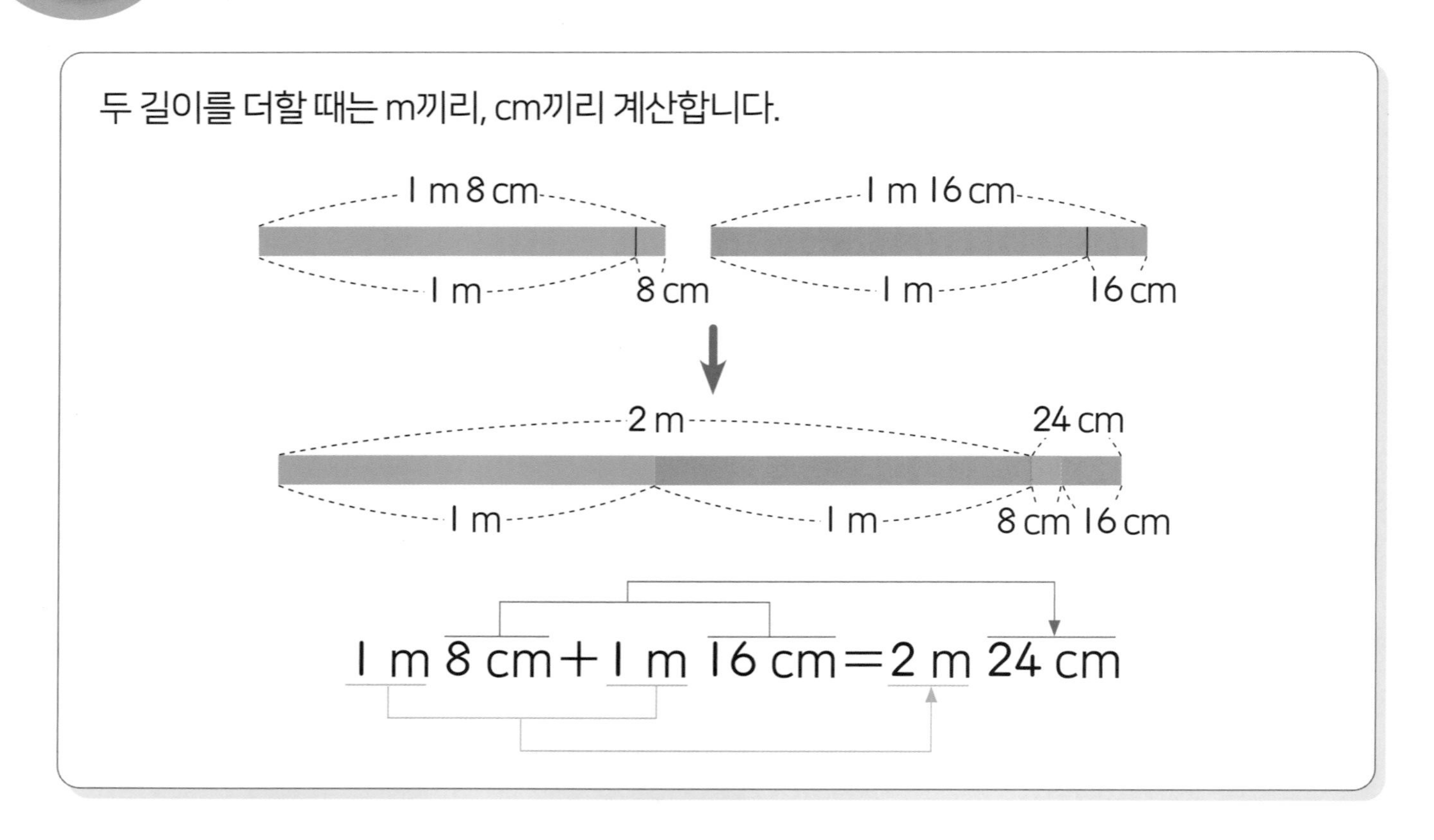

□ 안에 알맞은 수를 써넣으세요.

01 3 m 24 cm + 1 m 50 cm = □ m □ cm

02 2 m 63 cm + 4 m 15 cm = □ m □ cm

03 6 m 26 cm + 1 m 38 cm = □ m □ cm

04 3 m 57 cm + 5 m 9 cm = □ m □ cm

05 4 m 40 cm + 2 m 47 cm = □ m □ cm

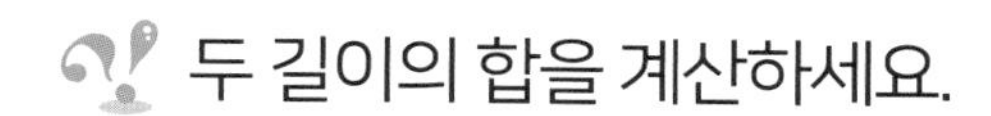

공부한 날 : 월 일

두 길이의 합을 계산하세요.

01 6 m 49 cm + 3 m 17 cm

=

02 2 m 13 cm + 5 m 11 cm

=

03 7 m 38 cm + 1 m 39 cm

=

04 1 m 17 cm + 4 m 41 cm

=

05 3 m 12 cm + 4 m 58 cm

=

06 2 m 35 cm + 2 m 12 cm

=

07 1 m 58 cm + 3 m 4 cm

=

08 1 m 16 cm + 5 m 13 cm

=

09 6 m 21 cm + 5 m 74 cm

=

10 8 m 19 cm + 2 m 41 cm

=

11 3 m 34 cm + 7 m 60 cm

=

12 2 m 61 cm + 5 m 33 cm

=

14 B 받아올림 없는 길이의 덧셈
세로셈으로 같은 단위끼리 더해요

길이의 덧셈을 세로셈으로 계산할 때는 m끼리, cm끼리 줄을 맞추어 계산합니다.

	5 m	39 cm
+	2 m	25 cm
	7 m	64 cm

□ 안에 알맞은 수와 단위를 써넣으세요.

01

	3 m	24 cm
+	2 m	29 cm
	□	□

02

	1 m	31 cm
+	6 m	9 cm
	□	□

03

	2 m	26 cm
+	2 m	59 cm
	□	□

04

	4 m	38 cm
+	2 m	26 cm
	□	□

05

	5 m	65 cm
+	3 m	17 cm
	□	□

06

	8 m	23 cm
+	1 m	47 cm
	□	□

07

	2 m	4 cm
+	3 m	71 cm
	□	□

08

	3 m	58 cm
+	3 m	16 cm
	□	□

09

	3 m	42 cm
+	6 m	19 cm
	□	□

10

	3 m	84 cm
+	5 m	5 cm
	□	□

11

	1 m	18 cm
+	2 m	39 cm
	□	□

12

	3 m	52 cm
+	2 m	20 cm
	□	□

두 길이의 합을 계산하세요.

01
$$\begin{array}{r} 2\,m\ \ 5\,cm \\ +\ 6\,m\ 54\,cm \\ \hline \end{array}$$

02
$$\begin{array}{r} 3\,m\ 80\,cm \\ +\ 7\,m\ 15\,cm \\ \hline \end{array}$$

03
$$\begin{array}{r} 9\,m\ 31\,cm \\ +\ 4\,m\ 19\,cm \\ \hline \end{array}$$

04
$$\begin{array}{r} 6\,m\ 17\,cm \\ +\ 9\,m\ 22\,cm \\ \hline \end{array}$$

05
$$\begin{array}{r} 3\,m\ 51\,cm \\ +\ 1\,m\ 43\,cm \\ \hline \end{array}$$

06
$$\begin{array}{r} 5\,m\ \ 6\,cm \\ +\ 1\,m\ 38\,cm \\ \hline \end{array}$$

07
$$\begin{array}{r} 1\,m\ 20\,cm \\ +\ 6\,m\ 62\,cm \\ \hline \end{array}$$

08
$$\begin{array}{r} 8\,m\ 59\,cm \\ +\ 6\,m\ 13\,cm \\ \hline \end{array}$$

09
$$\begin{array}{r} 3\,m\ 34\,cm \\ +\ 9\,m\ 28\,cm \\ \hline \end{array}$$

10
$$\begin{array}{r} 1\,m\ 46\,cm \\ +\ 6\,m\ 27\,cm \\ \hline \end{array}$$

11
$$\begin{array}{r} 1\,m\ \ 1\,cm \\ +\ 8\,m\ 61\,cm \\ \hline \end{array}$$

12
$$\begin{array}{r} 9\,m\ 40\,cm \\ +\ 9\,m\ 47\,cm \\ \hline \end{array}$$

13
$$\begin{array}{r} 5\,m\ 36\,cm \\ +\ 2\,m\ 38\,cm \\ \hline \end{array}$$

14
$$\begin{array}{r} 9\,m\ 38\,cm \\ +\ 4\,m\ \ 5\,cm \\ \hline \end{array}$$

15
$$\begin{array}{r} 2\,m\ 19\,cm \\ +\ 9\,m\ 13\,cm \\ \hline \end{array}$$

받아올림 있는 길이의 덧셈

15 A 100 cm는 1 m로 받아올림 해요

cm끼리 더해서 100 cm가 넘어가면 100 cm를 1 m로 받아올림해 줍니다.

	1	
	3 m	59 cm
+	1 m	64 cm
	5 m	23 cm

cm끼리 더하면 123 cm인데 이 중에서 100 cm는 m 위에 1을 작게 써서 받아올림해 줘.

□ 안에 알맞은 수와 단위를 써넣으세요.

01

	□	
	5 m	79 cm
+	1 m	63 cm
	□	□

02

	□	
	3 m	53 cm
+	1 m	50 cm
	□	□

03

	□	
	2 m	81 cm
+	2 m	39 cm
	□	□

04

	□	
	2 m	40 cm
+	1 m	88 cm
	□	□

05

	□	
	6 m	53 cm
+	2 m	82 cm
	□	□

06

	□	
	3 m	49 cm
+	3 m	73 cm
	□	□

07

	□	
	7 m	96 cm
+	1 m	86 cm
	□	□

08

	□	
	5 m	17 cm
+	2 m	95 cm
	□	□

09

	□	
	3 m	53 cm
+	5 m	88 cm
	□	□

10

	□	
	4 m	49 cm
+	2 m	63 cm
	□	□

11

	□	
	4 m	83 cm
+	3 m	26 cm
	□	□

12

	□	
	1 m	52 cm
+	7 m	87 cm
	□	□

두 길이의 합을 계산하세요.

01
  6 m 33 cm
+ 2 m 75 cm

02
  3 m 95 cm
+ 2 m 36 cm

03
  3 m 47 cm
+ 2 m 93 cm

04
  2 m 81 cm
+ 2 m 57 cm

05
  4 m 89 cm
+ 1 m 55 cm

06
  7 m 65 cm
+ 5 m 40 cm

07
  2 m 59 cm
+ 3 m 72 cm

08
  1 m 73 cm
+ 1 m 44 cm

09
  5 m 76 cm
+ 3 m 80 cm

10
  6 m 58 cm
+ 9 m 63 cm

11
  3 m 95 cm
+ 7 m 22 cm

12
  3 m 68 cm
+ 2 m 63 cm

13
  8 m 52 cm
+ 1 m 73 cm

14
  4 m 92 cm
+ 2 m 47 cm

15
  1 m 39 cm
+ 5 m 86 cm

15 받아올림 있는 길이의 덧셈
B 가로셈도 함께 연습해요

두 길이의 합을 계산하세요.

01
$$\begin{array}{r} 1\text{ m }23\text{ cm} \\ +\ 8\text{ m }82\text{ cm} \\ \hline \end{array}$$

02
$$\begin{array}{r} 1\text{ m }94\text{ cm} \\ +\ 1\text{ m }35\text{ cm} \\ \hline \end{array}$$

03
$$\begin{array}{r} 6\text{ m }81\text{ cm} \\ +\ 4\text{ m }43\text{ cm} \\ \hline \end{array}$$

04
$$\begin{array}{r} 5\text{ m }14\text{ cm} \\ +\ 6\text{ m }87\text{ cm} \\ \hline \end{array}$$

05
$$\begin{array}{r} 1\text{ m }61\text{ cm} \\ +\ 2\text{ m }93\text{ cm} \\ \hline \end{array}$$

06
$$\begin{array}{r} 5\text{ m }85\text{ cm} \\ +\ 2\text{ m }79\text{ cm} \\ \hline \end{array}$$

07
$$\begin{array}{r} 3\text{ m }65\text{ cm} \\ +\ 6\text{ m }83\text{ cm} \\ \hline \end{array}$$

08
$$\begin{array}{r} 7\text{ m }28\text{ cm} \\ +\ 1\text{ m }97\text{ cm} \\ \hline \end{array}$$

09
$$\begin{array}{r} 5\text{ m }50\text{ cm} \\ +\ 2\text{ m }56\text{ cm} \\ \hline \end{array}$$

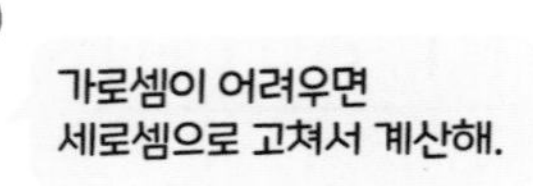

10 6 m 63 cm + 1 m 68 cm

=

11 4 m 87 cm + 3 m 51 cm

=

12 7 m 66 cm + 6 m 39 cm

=

13 8 m 45 cm + 2 m 57 cm

=

14 4 m 10 cm + 2 m 92 cm

=

15 2 m 68 cm + 1 m 94 cm

=

두 길이의 합을 계산하세요.

01
$$\begin{array}{r} 5\,\text{m}\ \ 95\,\text{cm} \\ +\ 3\,\text{m}\ \ 82\,\text{cm} \\ \hline \end{array}$$

02
$$\begin{array}{r} 2\,\text{m}\ \ 67\,\text{cm} \\ +\ 1\,\text{m}\ \ 41\,\text{cm} \\ \hline \end{array}$$

03
$$\begin{array}{r} 9\,\text{m}\ \ 34\,\text{cm} \\ +\ 3\,\text{m}\ \ 89\,\text{cm} \\ \hline \end{array}$$

04
$$\begin{array}{r} 4\,\text{m}\ \ 87\,\text{cm} \\ +\ 4\,\text{m}\ \ 60\,\text{cm} \\ \hline \end{array}$$

05
$$\begin{array}{r} 2\,\text{m}\ \ 69\,\text{cm} \\ +\ 5\,\text{m}\ \ 83\,\text{cm} \\ \hline \end{array}$$

06
$$\begin{array}{r} 2\,\text{m}\ \ 57\,\text{cm} \\ +\ 1\,\text{m}\ \ 68\,\text{cm} \\ \hline \end{array}$$

07
$$\begin{array}{r} 3\,\text{m}\ \ 26\,\text{cm} \\ +\ 3\,\text{m}\ \ 87\,\text{cm} \\ \hline \end{array}$$

08
$$\begin{array}{r} 3\,\text{m}\ \ 71\,\text{cm} \\ +\ 2\,\text{m}\ \ 46\,\text{cm} \\ \hline \end{array}$$

09
$$\begin{array}{r} 3\,\text{m}\ \ 76\,\text{cm} \\ +\ 1\,\text{m}\ \ 38\,\text{cm} \\ \hline \end{array}$$

10 3 m 72 cm + 2 m 52 cm

=

11 7 m 99 cm + 3 m 36 cm

=

12 1 m 85 cm + 6 m 82 cm

=

13 3 m 90 cm + 3 m 88 cm

=

14 5 m 48 cm + 2 m 68 cm

=

15 3 m 72 cm + 6 m 93 cm

=

16 길이의 덧셈 연습

A 단위를 잊지 않고 꼭 적어요

두 길이의 합을 계산하세요.

01 3 m 53 cm + 3 m 99 cm

02 8 m 84 cm + 1 m 18 cm

03 2 m 50 cm + 3 m 56 cm

04 3 m 87 cm + 1 m 40 cm

05 7 m 81 cm + 9 m 26 cm

06 3 m 54 cm + 6 m 98 cm

07 9 m 31 cm + 7 m 61 cm

08 5 m 88 cm + 3 m 5 cm

09 4 m 60 cm + 2 m 82 cm

10 1 m 21 cm + 6 m 4 cm
=

11 2 m 51 cm + 2 m 72 cm
=

12 5 m 14 cm + 4 m 90 cm
=

13 3 m 88 cm + 1 m 49 cm
=

14 5 m 7 cm + 3 m 31 cm
=

15 1 m 73 cm + 6 m 53 cm
=

색 테이프의 길이의 합을 구하세요.

01
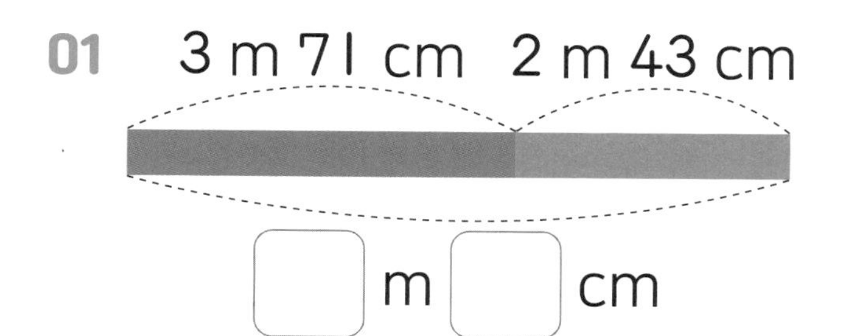

02
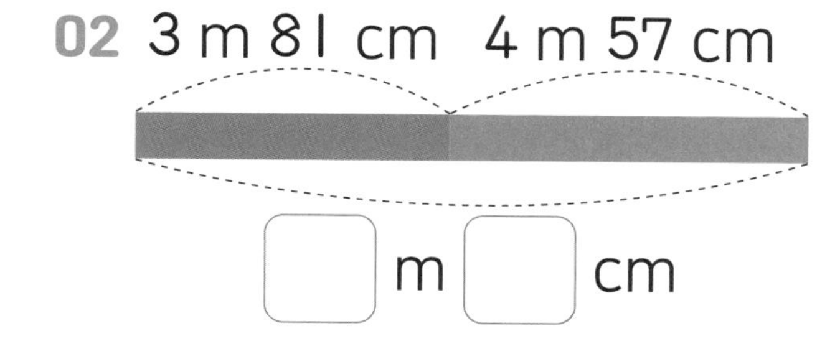

03
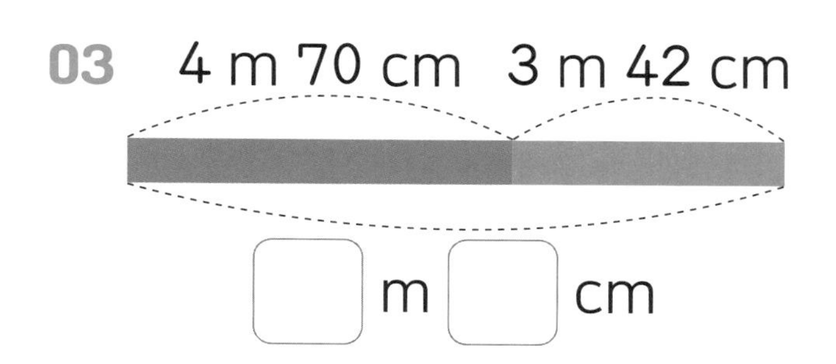

04
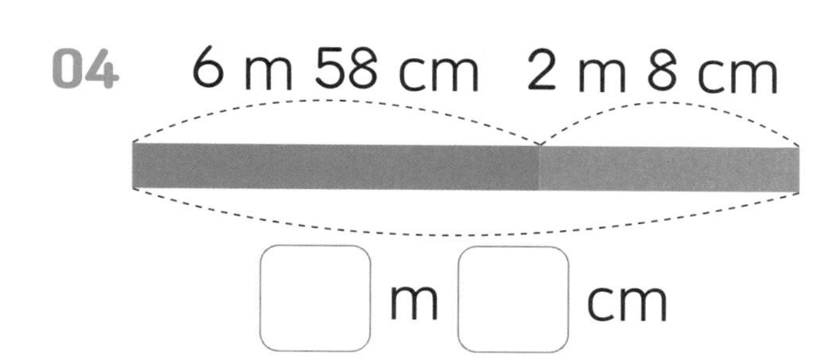

05
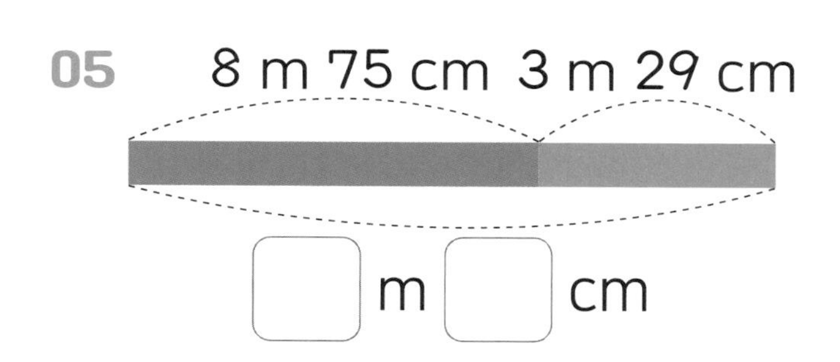

06
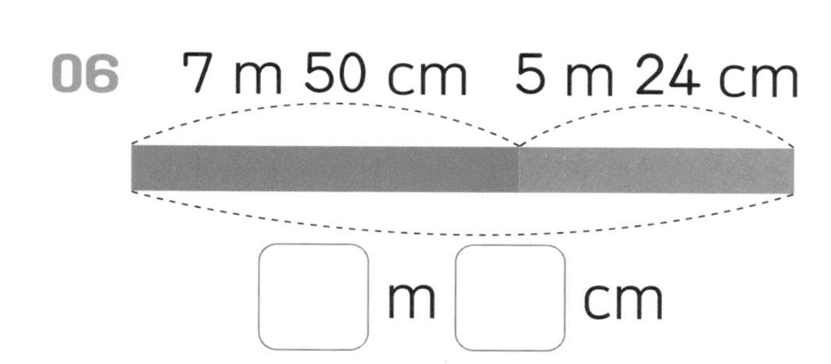

07
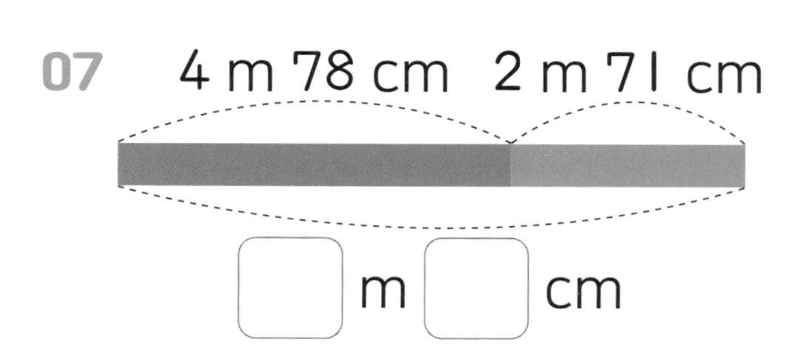

08
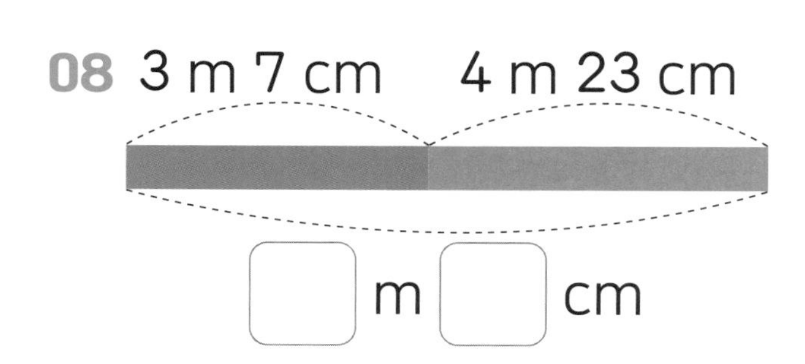

09
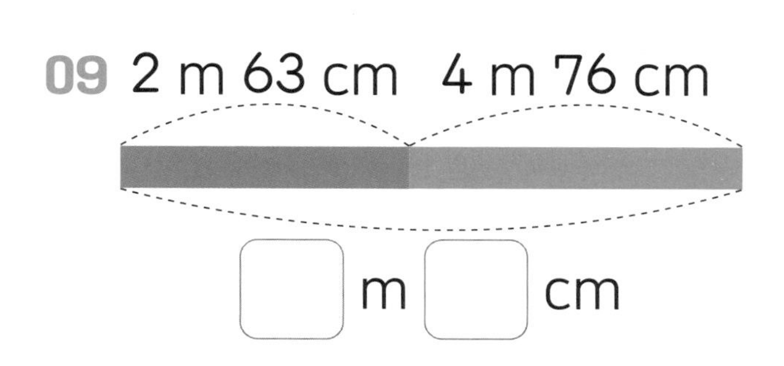

10
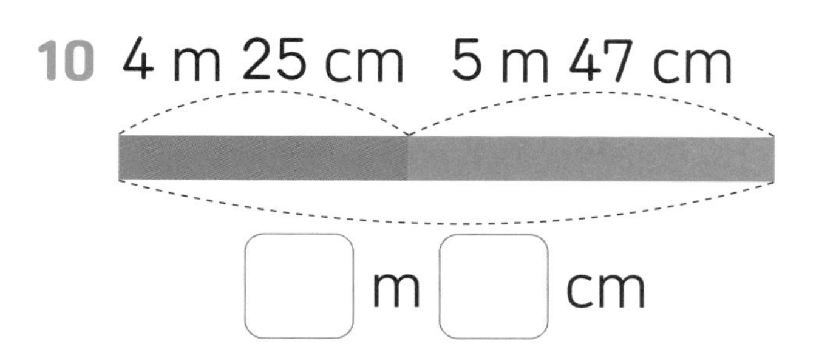

16 길이의 덧셈 연습

B 받아올림이 있을 때는 작게 1을 표시하면서 계산해요

두 길이의 합을 계산하세요.

01
$$\begin{array}{r} 7\text{ m}\ \ 71\text{ cm} \\ +\ 2\text{ m}\ \ 23\text{ cm} \\ \hline \end{array}$$

02
$$\begin{array}{r} 4\text{ m}\ \ 40\text{ cm} \\ +\ 2\text{ m}\ \ 66\text{ cm} \\ \hline \end{array}$$

03
$$\begin{array}{r} 1\text{ m}\ \ 77\text{ cm} \\ +\ 2\text{ m}\ \ 89\text{ cm} \\ \hline \end{array}$$

04
$$\begin{array}{r} 3\text{ m}\ \ 54\text{ cm} \\ +\ 2\text{ m}\ \ 68\text{ cm} \\ \hline \end{array}$$

05
$$\begin{array}{r} 2\text{ m}\ \ 91\text{ cm} \\ +\ 3\text{ m}\ \ 74\text{ cm} \\ \hline \end{array}$$

06
$$\begin{array}{r} 3\text{ m}\ \ 59\text{ cm} \\ +\ 2\text{ m}\ \ 42\text{ cm} \\ \hline \end{array}$$

07
$$\begin{array}{r} 6\text{ m}\ \ \ \ 5\text{ cm} \\ +\ 2\text{ m}\ \ \ \ 3\text{ cm} \\ \hline \end{array}$$

08
$$\begin{array}{r} 2\text{ m}\ \ 18\text{ cm} \\ +\ 4\text{ m}\ \ \ \ 7\text{ cm} \\ \hline \end{array}$$

09
$$\begin{array}{r} 3\text{ m}\ \ 64\text{ cm} \\ +\ 9\text{ m}\ \ 70\text{ cm} \\ \hline \end{array}$$

10 6 m 69 cm+1 m 69 cm

=

11 3 m 3 cm+2 m 73 cm

=

12 1 m 39 cm+1 m 68 cm

=

13 3 m 70 cm+1 m 80 cm

=

14 9 m 48 cm+3 m 95 cm

=

15 2 m 67 cm+4 m 49 cm

=

㉠에서 ㉢까지의 길이를 구하세요.

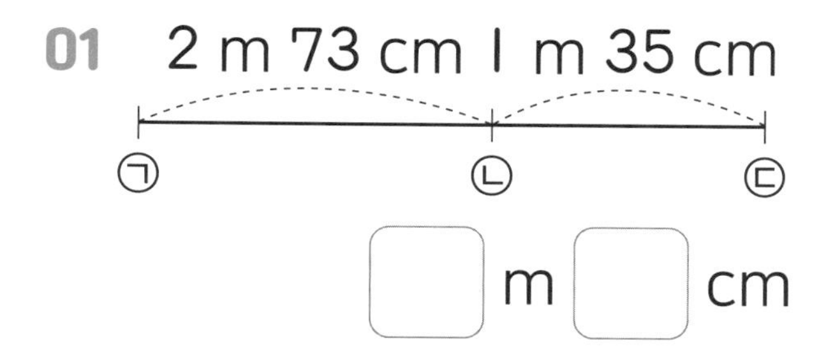

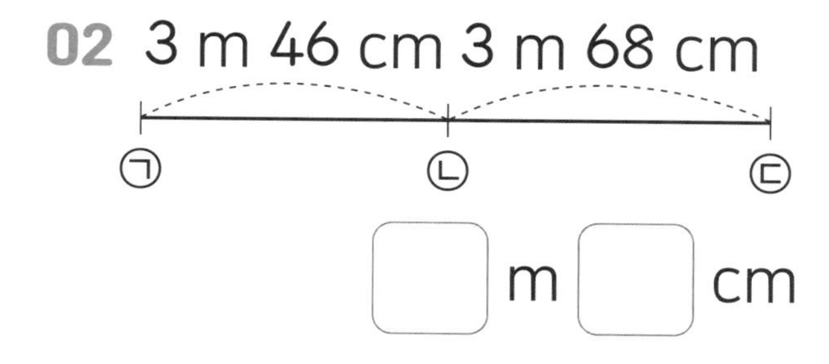

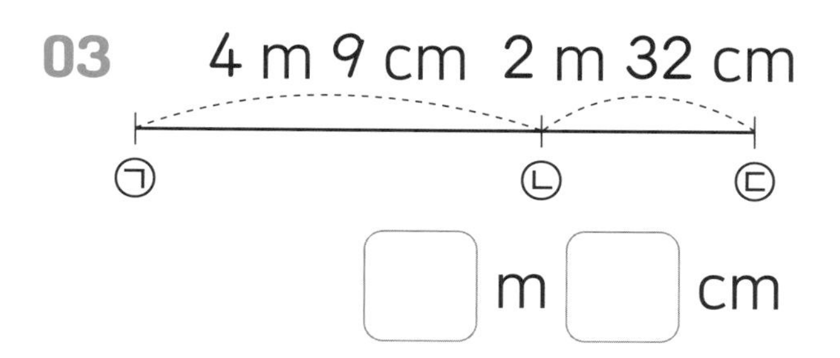

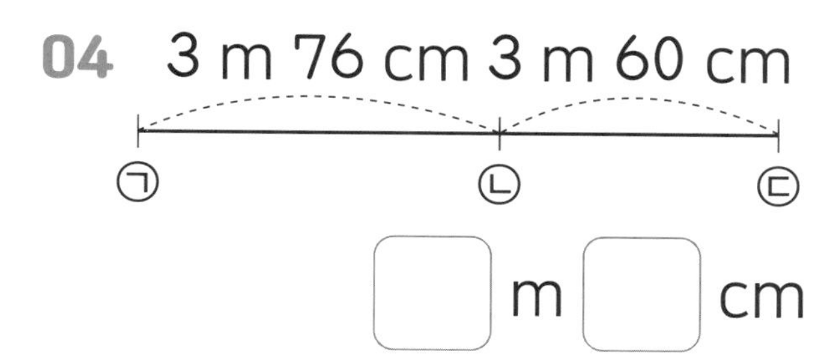

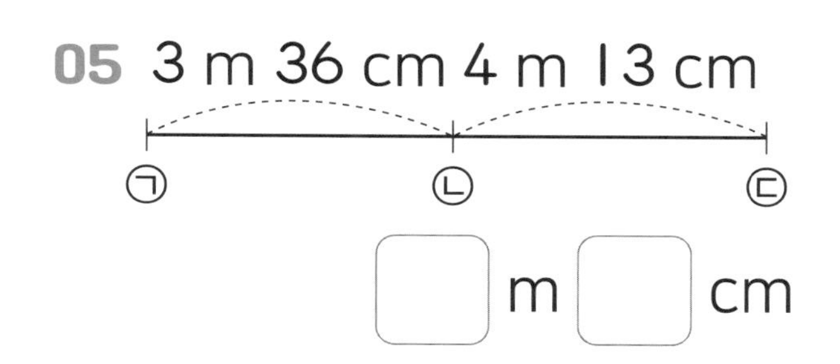

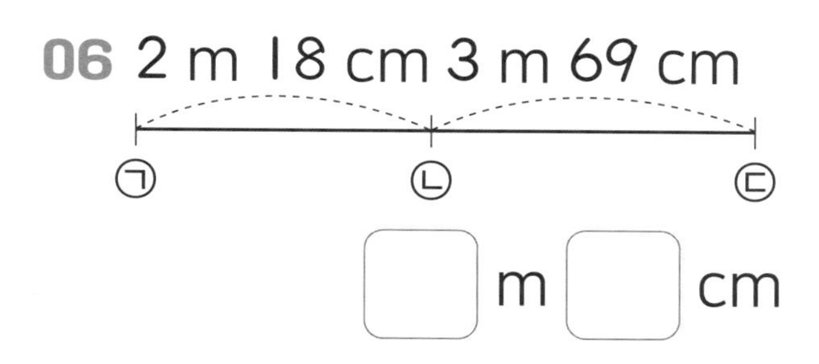

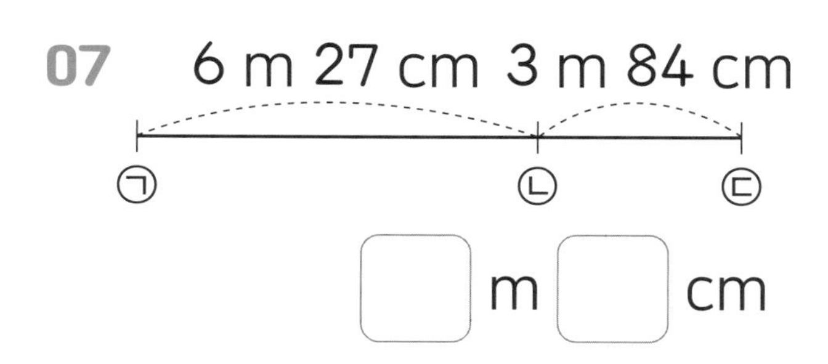

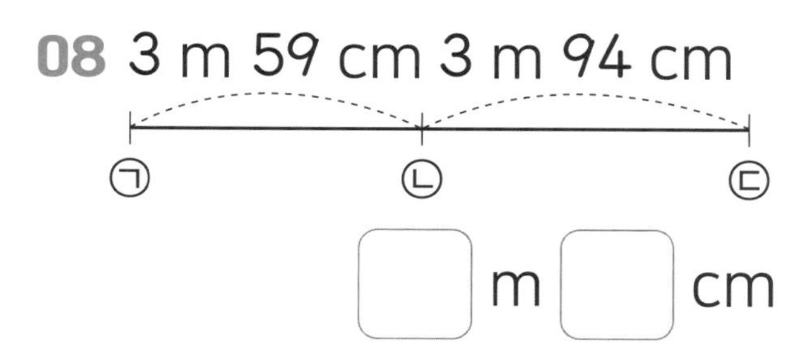

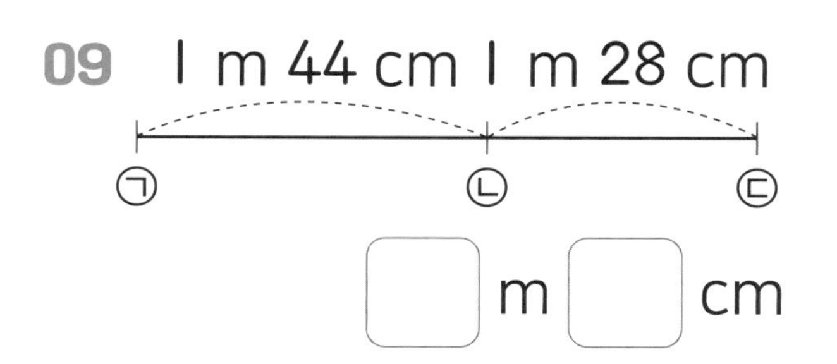

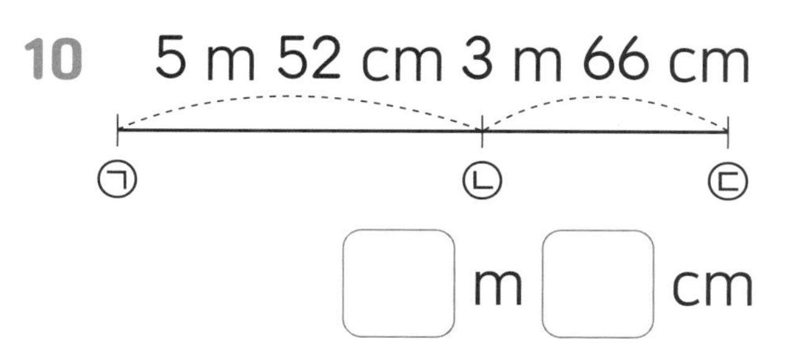

받아내림 없는 길이의 뺄셈

17 A m끼리 cm끼리 빼요

두 길이를 뺄 때는 m끼리, cm끼리 계산합니다.

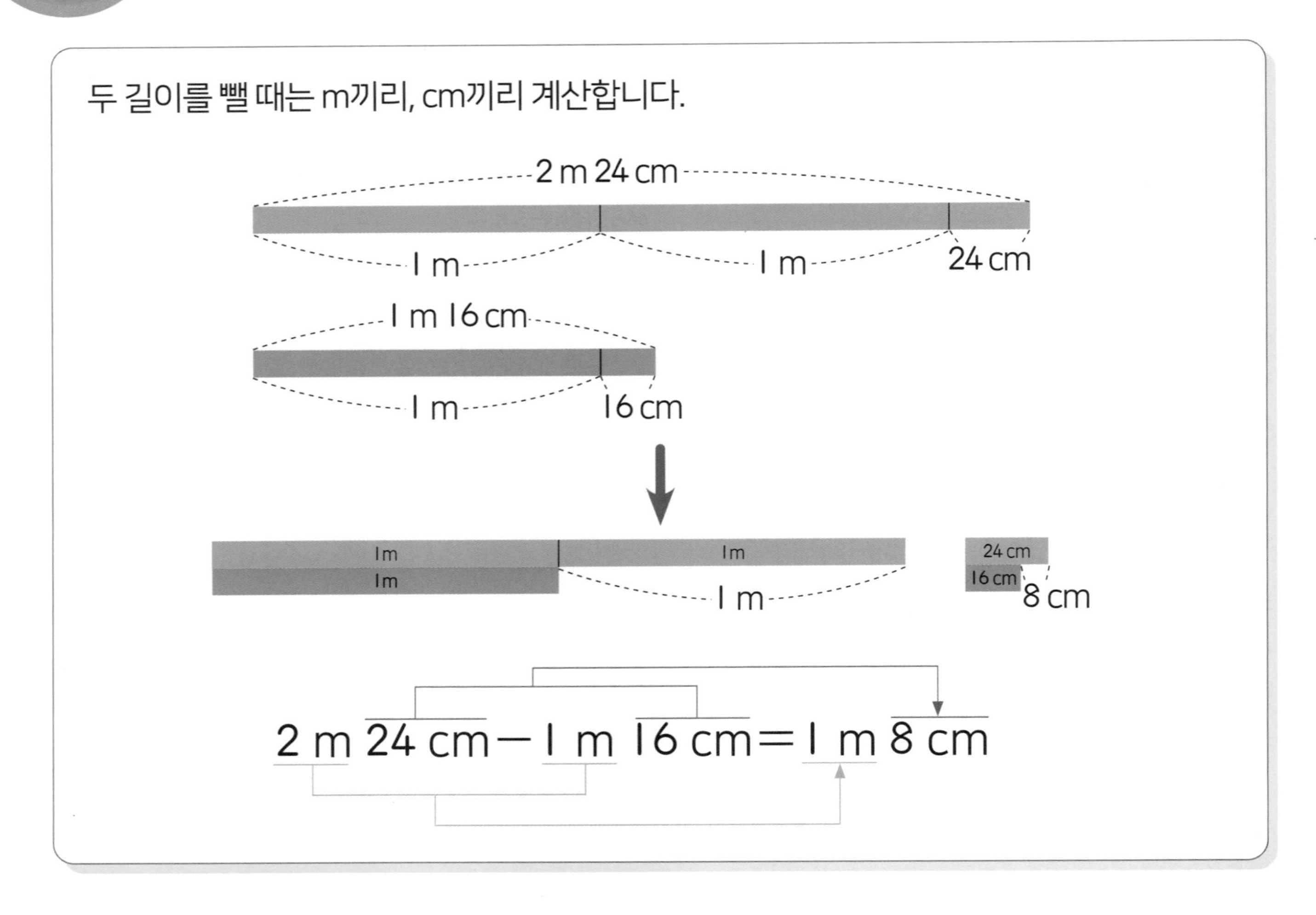

□ 안에 알맞은 수를 써넣으세요.

01 7 m 79 cm − 3 m 26 cm = □ m □ cm

02 6 m 62 cm − 1 m 37 cm = □ m □ cm

03 8 m 60 cm − 1 m 16 cm = □ m □ cm

04 4 m 53 cm − 2 m 39 cm = □ m □ cm

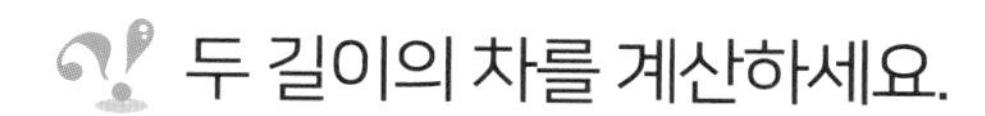

두 길이의 차를 계산하세요.

01 8 m 94 cm − 4 m 32 cm

=

02 4 m 85 cm − 2 m 16 cm

=

03 6 m 81 cm − 4 m 27 cm

=

04 5 m 98 cm − 1 m 61 cm

=

05 7 m 39 cm − 2 m 9 cm

=

06 9 m 70 cm − 2 m 26 cm

=

07 8 m 55 cm − 2 m 24 cm

=

08 5 m 81 cm − 3 m 49 cm

=

09 9 m 87 cm − 2 m 63 cm

=

10 4 m 73 cm − 2 m 64 cm

=

11 7 m 52 cm − 4 m 6 cm

=

12 6 m 32 cm − 3 m 18 cm

=

17 B 받아내림 없는 길이의 뺄셈
세로셈으로 같은 단위끼리 빼요

길이의 뺄셈을 세로셈으로 계산할 때는 m끼리, cm끼리 줄을 맞추어 계산합니다.

	5 m	72 cm
−	2 m	25 cm
	3 m	47 cm

덧셈이든 뺄셈이든 단위가 있는 계산은 항상 정답에 단위를 적어야 해!!

□ 안에 알맞은 수와 단위를 써넣으세요.

01

	7 m	64 cm
−	3 m	34 cm
	□	□

02

	6 m	35 cm
−	5 m	10 cm
	□	□

03

	6 m	62 cm
−	2 m	37 cm
	□	□

04

	7 m	84 cm
−	4 m	58 cm
	□	□

05

	7 m	72 cm
−	2 m	61 cm
	□	□

06

	2 m	97 cm
−	1 m	39 cm
	□	□

07

	9 m	53 cm
−	3 m	50 cm
	□	□

08

	6 m	55 cm
−	4 m	27 cm
	□	□

09

	7 m	69 cm
−	1 m	15 cm
	□	□

10

	8 m	79 cm
−	4 m	26 cm
	□	□

11

	5 m	89 cm
−	3 m	45 cm
	□	□

12

	8 m	78 cm
−	6 m	3 cm
	□	□

두 길이의 차를 계산하세요.

01
  5 m 94 cm
− 1 m 8 cm

02
  9 m 77 cm
− 2 m 69 cm

03
  2 m 93 cm
− 1 m 58 cm

04
  4 m 37 cm
− 1 m 28 cm

05
  6 m 67 cm
− 3 m 33 cm

06
  3 m 80 cm
− 2 m 12 cm

07
  8 m 96 cm
− 2 m 42 cm

08
  4 m 81 cm
− 2 m 5 cm

09
  6 m 76 cm
− 2 m 49 cm

10
  9 m 66 cm
− 1 m 16 cm

11
  7 m 90 cm
− 4 m 27 cm

12
  5 m 91 cm
− 1 m 59 cm

13
  7 m 87 cm
− 2 m 64 cm

14
  8 m 56 cm
− 1 m 23 cm

15
  9 m 65 cm
− 4 m 59 cm

받아내림 있는 길이의 뺄셈

18 A 1 m를 100 cm로 받아내림해요

cm끼리 뺄 수 없으면 1 m를 100 cm로 받아내림해 줍니다.

	3	100
	~~4~~ m	27 cm
−	1 m	69 cm
	2 m	58 cm

□ 안에 알맞은 수와 단위를 써넣으세요.

01

	□	□
	5 m	64 cm
−	2 m	86 cm
	□	□

02

	□	□
	8 m	2 cm
−	4 m	82 cm
	□	□

03

	□	□
	9 m	16 cm
−	3 m	78 cm
	□	□

04

	□	□
	4 m	29 cm
−	1 m	36 cm
	□	□

05

	□	□
	7 m	69 cm
−	3 m	85 cm
	□	□

06

	□	□
	6 m	9 cm
−	1 m	41 cm
	□	□

07

	□	□
	3 m	60 cm
−	1 m	93 cm
	□	□

08

	□	□
	4 m	27 cm
−	1 m	99 cm
	□	□

09

	□	□
	6 m	46 cm
−	4 m	47 cm
	□	□

10

	□	□
	6 m	86 cm
−	2 m	92 cm
	□	□

11

	□	□
	5 m	28 cm
−	3 m	60 cm
	□	□

12

	□	□
	6 m	12 cm
−	2 m	27 cm
	□	□

두 길이의 차를 계산하세요.

01
4 m 29 cm
− 2 m 45 cm

02
9 m 24 cm
− 3 m 84 cm

03
5 m 10 cm
− 2 m 29 cm

04
6 m 33 cm
− 3 m 37 cm

05
9 m 32 cm
− 3 m 71 cm

06
7 m 42 cm
− 4 m 53 cm

07
8 m 30 cm
− 6 m 96 cm

08
8 m 9 cm
− 2 m 51 cm

09
9 m 28 cm
− 4 m 62 cm

10
7 m 22 cm
− 4 m 82 cm

11
9 m 39 cm
− 5 m 68 cm

12
8 m 19 cm
− 3 m 87 cm

13
3 m 29 cm
− 1 m 70 cm

14
4 m 3 cm
− 2 m 13 cm

15
9 m 35 cm
− 3 m 50 cm

18 받아내림 있는 길이의 뺄셈

B 가로셈도 함께 연습해요

두 길이의 차를 계산하세요.

01
  5 m 20 cm
− 3 m 94 cm

02
  4 m 72 cm
− 2 m 85 cm

03
  7 m 66 cm
− 2 m 99 cm

04
  4 m 79 cm
− 1 m 91 cm

05
  6 m 23 cm
− 3 m 78 cm

06
  9 m 15 cm
− 3 m 43 cm

07
  7 m 13 cm
− 2 m 81 cm

08
  8 m 57 cm
− 2 m 91 cm

09
  7 m 36 cm
− 2 m 75 cm

10 4 m 2 cm − 2 m 87 cm

=

11 5 m 59 cm − 1 m 90 cm

=

12 6 m 20 cm − 1 m 35 cm

=

13 8 m 19 cm − 5 m 54 cm

=

14 8 m 67 cm − 2 m 74 cm

=

15 9 m 40 cm − 3 m 67 cm

=

두 길이의 차를 계산하세요.

01
  9 m   1 cm
− 2 m 17 cm

02
  7 m 86 cm
− 3 m 88 cm

03
  6 m 38 cm
− 4 m 94 cm

04
  5 m 45 cm
− 1 m 87 cm

05
  6 m 19 cm
− 4 m 25 cm

06
  8 m   7 cm
− 2 m 32 cm

07
  9 m 51 cm
− 1 m 89 cm

08
  3 m 45 cm
− 1 m 88 cm

09
  8 m 10 cm
− 3 m 75 cm

10 7 m 1 cm − 2 m 58 cm

=

11 9 m 10 cm − 3 m 41 cm

=

12 4 m 66 cm − 2 m 84 cm

=

13 8 m 23 cm − 5 m 45 cm

=

14 5 m 29 cm − 3 m 76 cm

=

15 8 m 6 cm − 4 m 67 cm

=

19 A 단위를 꼭 써야 해요

두 길이의 차를 계산하세요.

01
$$\begin{array}{r} 5\,\text{m}\ \ 78\,\text{cm} \\ -\ 2\,\text{m}\ \ 95\,\text{cm} \\ \hline \end{array}$$

02
$$\begin{array}{r} 6\,\text{m}\ \ 63\,\text{cm} \\ -\ 2\,\text{m}\ \ 79\,\text{cm} \\ \hline \end{array}$$

03
$$\begin{array}{r} 9\,\text{m}\ \ 27\,\text{cm} \\ -\ 3\,\text{m}\ \ 50\,\text{cm} \\ \hline \end{array}$$

04
$$\begin{array}{r} 8\,\text{m}\ \ 28\,\text{cm} \\ -\ 1\,\text{m}\ \ 76\,\text{cm} \\ \hline \end{array}$$

05
$$\begin{array}{r} 5\,\text{m}\ \ 36\,\text{cm} \\ -\ 1\,\text{m}\ \ \ \ 7\,\text{cm} \\ \hline \end{array}$$

06
$$\begin{array}{r} 7\,\text{m}\ \ 49\,\text{cm} \\ -\ 2\,\text{m}\ \ 76\,\text{cm} \\ \hline \end{array}$$

07
$$\begin{array}{r} 6\,\text{m}\ \ 12\,\text{cm} \\ -\ 1\,\text{m}\ \ 55\,\text{cm} \\ \hline \end{array}$$

08
$$\begin{array}{r} 8\,\text{m}\ \ 67\,\text{cm} \\ -\ 2\,\text{m}\ \ 93\,\text{cm} \\ \hline \end{array}$$

09
$$\begin{array}{r} 3\,\text{m}\ \ 31\,\text{cm} \\ -\ 1\,\text{m}\ \ 49\,\text{cm} \\ \hline \end{array}$$

10 8 m 60 cm − 2 m 50 cm

=

11 4 m 7 cm − 2 m 38 cm

=

12 6 m 68 cm − 1 m 83 cm

=

13 7 m 23 cm − 2 m 26 cm

=

14 8 m 33 cm − 4 m 78 cm

=

15 9 m 11 cm − 4 m 77 cm

=

색 테이프의 길이의 차를 구하세요.

01
5 m 47 cm
3 m 38 cm
☐ m ☐ cm

02
5 m 51 cm
7 m 35 cm
☐ m ☐ cm

03
9 m 32 cm
5 m 65 cm
☐ m ☐ cm

04
3 m 4 cm
6 m 69 cm
☐ m ☐ cm

05
1 m 15 cm
4 m 11 cm
☐ m ☐ cm

06
9 m 44 cm
3 m 80 cm
☐ m ☐ cm

07
6 m 36 cm
2 m 87 cm
☐ m ☐ cm

08
5 m 46 cm
7 m 12 cm
☐ m ☐ cm

09
8 m 42 cm
5 m 69 cm
☐ m ☐ cm

10
8 m 71 cm
1 m 94 cm
☐ m ☐ cm

19 길이의 뺄셈 연습

B 실수가 없도록 연습해요

두 길이의 차를 계산하세요.

01
  7 m 53 cm
− 5 m 58 cm

02
  8 m 67 cm
− 1 m 41 cm

03
  6 m 71 cm
− 3 m 93 cm

04
  8 m 51 cm
− 4 m 73 cm

05
  8 m 16 cm
− 3 m 30 cm

06
  8 m 39 cm
− 3 m 94 cm

07
  9 m 26 cm
− 3 m 75 cm

08
  9 m 22 cm
− 7 m 83 cm

09
  4 m 54 cm
− 2 m 68 cm

10 8 m 54 cm − 2 m 92 cm

=

11 7 m 33 cm − 3 m 84 cm

=

12 4 m 25 cm − 1 m 38 cm

=

13 9 m 46 cm − 4 m 65 cm

=

14 6 m 20 cm − 3 m 19 cm

=

15 3 m 15 cm − 1 m 52 cm

=

ⓛ에서 ⓒ까지의 길이를 구하세요.

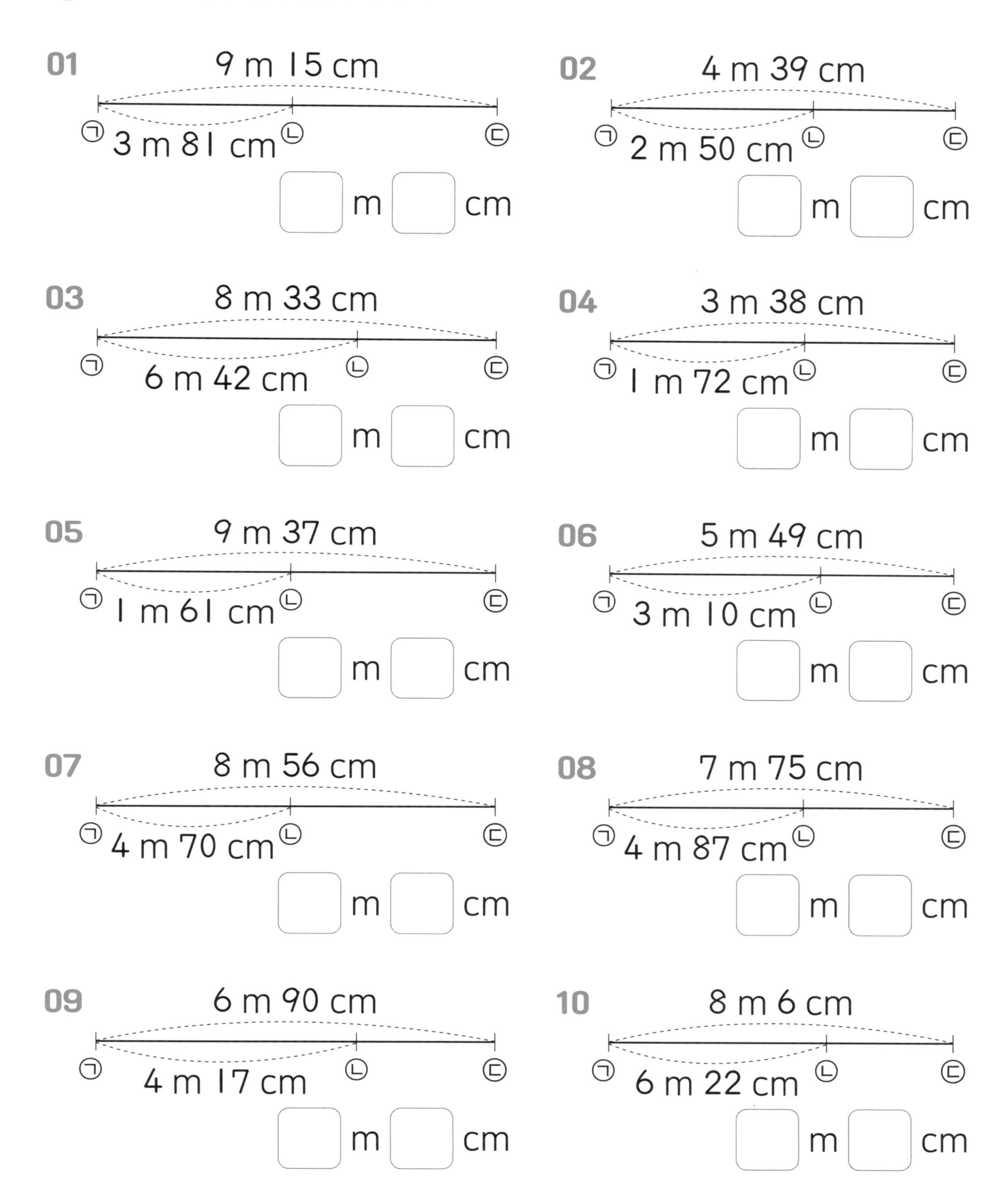

20 A 덧셈, 뺄셈을 정확하게 구분해야 해요

계산하세요.

01 2 m 29 cm＋5 m 17 cm

＝

02 6 m 33 cm－2 m 54 cm

＝

03 1 m 95 cm＋4 m 88 cm

＝

04 6 m 40 cm－3 m 82 cm

＝

05 3 m 73 cm－2 m 27 cm

＝

06 4 m 68 cm＋3 m 64 cm

＝

07 4 m 22 cm＋9 m 93 cm

＝

08 8 m 1 cm－1 m 62 cm

＝

09 9 m 42 cm－2 m 67 cm

＝

10 3 m 47 cm＋2 m 9 cm

＝

11 5 m 68 cm＋1 m 83 cm

＝

12 7 m 17 cm－4 m 58 cm

＝

13 4 m 54 cm＋3 m 76 cm

＝

14 8 m 90 cm－6 m 46 cm

＝

두 막대 길이의 합과 차를 구하세요.

01 3 m 10 cm
5 m 36 cm

합 : ___

차 : ___

02 9 m 49 cm
7 m 33 cm

합 : ___

차 : ___

03 3 m 72 cm
1 m 89 cm

합 : ___

차 : ___

04 3 m 72 cm
6 m 38 cm

합 : ___

차 : ___

05 3 m 70 cm
7 m 18 cm

합 : ___

차 : ___

06 2 m 56 cm
8 m 28 cm

합 : ___

차 : ___

07 3 m 38 cm
6 m 13 cm

합 : ___

차 : ___

08 1 m 26 cm
5 m 1 cm

합 : ___

차 : ___

이런 문제를 다루어요

01 □ 안에 알맞은 수를 써넣으세요.

700 cm＝□ m　　2 m＝□ cm

439 cm＝□ m □ cm　　6 m 8 cm＝□ cm

02 알맞은 길이를 골라 문장을 완성하세요.

135 cm	7 m	15 cm	120 m

· 내 친구의 키는 □ 입니다.

· 내 한 뼘의 길이는 □ 입니다.

· 골대의 가로 길이는 □ 입니다.

03 막대 2개를 이어 붙였습니다. 막대의 길이의 합을 구하세요.

5 m 47 cm | 6 m 8 cm

□ m □ cm

04 계산하세요.

6 m 37 cm＋2 m 84 cm＝□ m □ cm

8 m 25 cm－3 m 79 cm＝□ m □ cm

	7 m 78 cm
＋	6 m 12 cm
	□ m □ cm

	5 m 18 cm
－	2 m 50 cm
	□ m □ cm

05 길이가 6 m 40 cm인 색 테이프를 잘라 미술 시간에 얼마만큼 썼더니 2 m 55 cm가 남았습니다. □ 안에 미술 시간에 쓴 색 테이프의 길이를 써넣으세요.

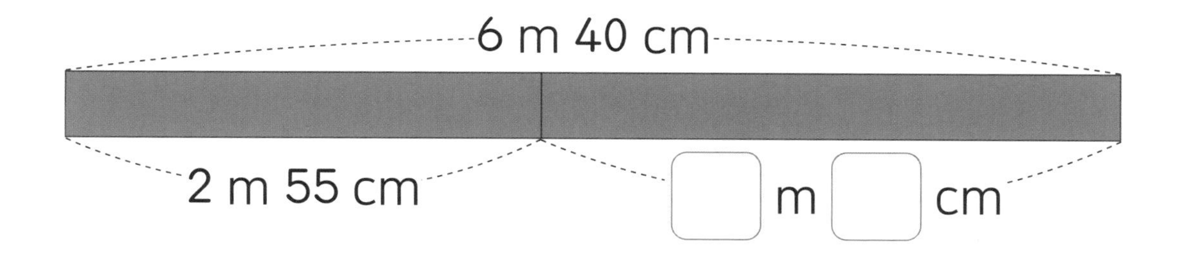

06 ㉠에서 ㉢까지의 거리는 7 m 14 cm이고, ㉡에서 ㉢까지의 거리는 4 m 87 cm입니다. ㉠에서 ㉡까지의 거리를 구하세요.

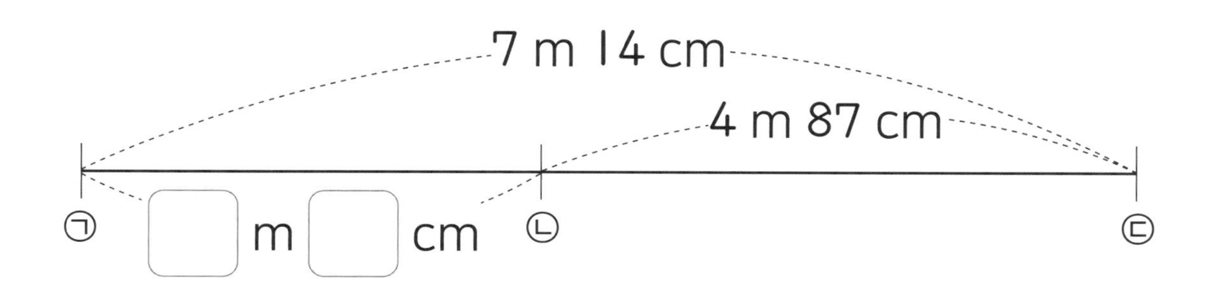

삼각형 뒤집기

100원짜리 동전 2개만 옮겨서 삼각형을 뒤집어 보세요.

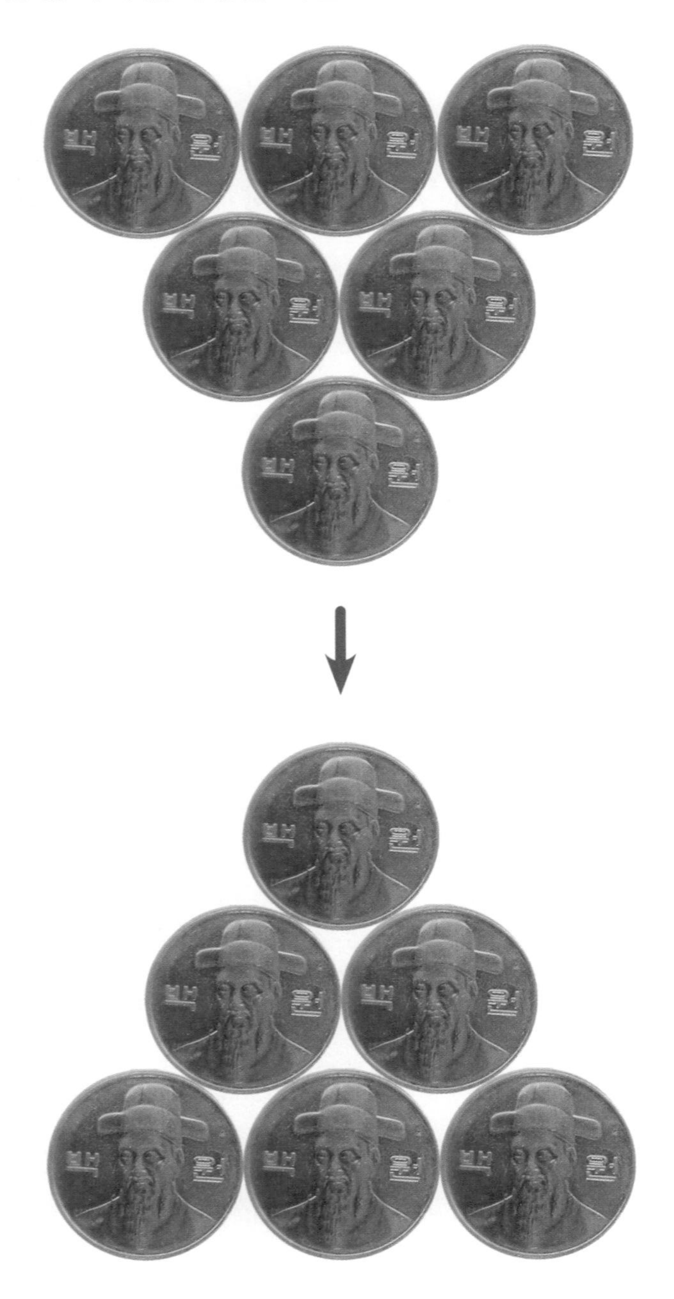

시각과 시간의 계산

차시별로 정답률을 확인하고, 성취도에 O표 하세요.

80% 이상 맞혔어요. 60%~80% 맞혔어요. 60% 이하 맞혔어요.

차시	단원	성취도
21	시간의 단위	
22	여러 가지 방법으로 시각 읽기	
23	몇 분 후의 시각 구하기	
24	몇 시간 몇 분 후의 시각 구하기	
25	시각 구하기 연습	
26	몇 분의 시간 구하기	
27	몇 시간 몇 분의 시간 구하기	
28	시간 구하기 연습	
29	시각과 시간 구하기 연습	
30	오전/오후가 바뀌는 시간 계산	
31	날짜가 바뀌는 시간 계산	
32	오전/오후와 날짜가 바뀌는 시간 계산 연습	

시각은 시계가 나타내는 몇 시 몇 분이라고 하는 순간을 말하고, 시간은 시작 시각과 끝 시각 사이를 말합니다.

21 A 1시간은 60분이에요

1시간 동안 시계의 짧은바늘은 큰 눈금 1칸을 움직이고, 긴바늘은 한 바퀴를 돕니다.
1시간은 60분입니다.

3시에서 60분이 지나면
4시가 되는 거야.

3시	10분	20분	30분	40분	50분	4시
10분	10분	10분	10분	10분	10분	

60분=1시간

□ 안에 알맞은 수를 써넣으세요.

2시간=60분+60분,
3시간=60분+60분+60분

01 2시간=□분

02 180분=□시간

03 4시간=□분

04 300분=□시간

05 2시간 30분=□분+30분=□분

06 1시간 50분=□분+50분=□분

07 140분=□분+20분=□시간 □분

08 100분=□분+40분=□시간 □분

공부한 날 : 월 일

60분=1시간, 120분=2시간
180분=3시간, …

□ 안에 알맞은 수를 써넣으세요.

01 1시간 10분=□분

02 70분=□시간 □분

03 2시간 20분=□분

04 90분=□시간 □분

05 4시간 15분=□분

06 230분=□시간 □분

07 1시간 40분=□분

08 165분=□시간 □분

09 4시간 50분=□분

10 115분=□시간 □분

11 3시간 30분=□분

12 200분=□시간 □분

13 2시간 35분=□분

14 150분=□시간 □분

15 3시간 45분=□분

16 185분=□시간 □분

4 PART

하루는 24시간이에요

하루는 24시간입니다. 1일=24시간

전날 밤 12시부터 낮 12시까지를 오전이라고 하고
낮 12시부터 밤 12시까지를 오후라고 합니다.

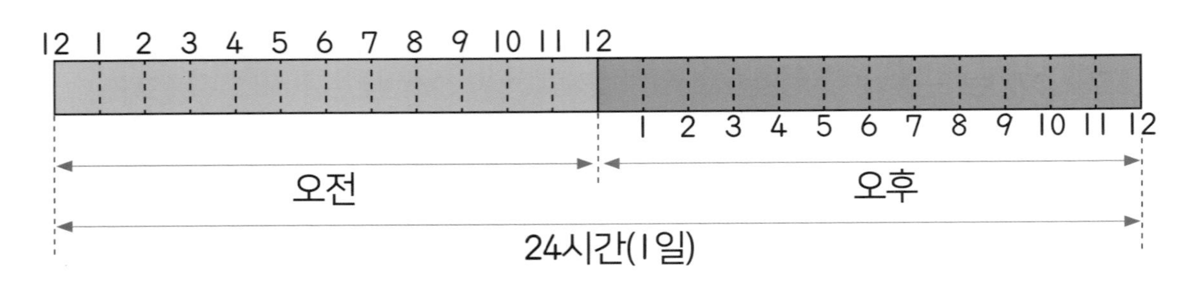

오늘 오전 10시에서 내일 오전 10시까지의 시간은 24시간입니다.

□ 안에 알맞은 수를 써넣으세요.

2일=24시간+24시간,
3일=24시간+24시간+24시간

01 2일=□시간

02 24시간=□일

03 3일=□시간

04 96시간=□일

05 2일 11시간=□시간+11시간=□시간

06 3일 5시간=□시간+5시간=□시간

07 30시간=□시간+6시간=□일 □시간

08 58시간=□시간+10시간=□일 □시간

□ 안에 알맞은 수를 써넣으세요.

24시간=1일, 48시간=2일
72시간=3일, …

01 3일 11시간=□시간

02 65시간=□일 □시간

03 2일 14시간=□시간

04 28시간=□일 □시간

05 1일 5시간=□시간

06 86시간=□일 □시간

07 1일 13시간=□시간

08 39시간=□일 □시간

09 2일 19시간=□시간

10 78시간=□일 □시간

11 3일 2시간=□시간

12 54시간=□일 □시간

13 1일 10시간=□시간

14 36시간=□일 □시간

15 2일 22시간=□시간

16 50시간=□일 □시간

여러 가지 방법으로 시각 읽기

22 A 두 가지 방법으로 시각을 읽어요

작은 눈금 1칸은 1분, 큰 눈금 한 칸은 5분을 나타냅니다.

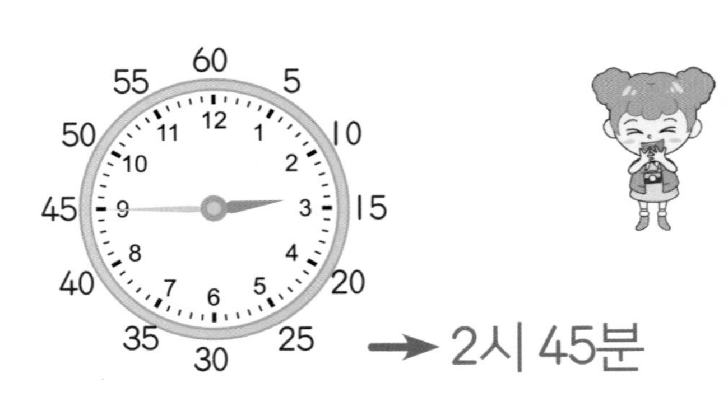

짧은바늘은 시,
긴바늘은 분을 나타내는 것은
알고 있지?

시계가 가리키는 시각을 쓰세요.

큰 눈금 하나만큼 움직일 때마다
5분씩 더한다고 생각해 봐!

01

☐ 시 ☐ 분

02

☐ 시 ☐ 분

03

☐ 시 ☐ 분

04

☐ 시 ☐ 분

05

☐ 시 ☐ 분

06

☐ 시 ☐ 분

07

☐ 시 ☐ 분

08

☐ 시 ☐ 분

09

☐ 시 ☐ 분

2시 55분을 3시 5분 전이라고도 합니다.

3시가 되기
5분 전이라는 뜻이야.

시계가 가리키는 시각을 두 가지 방법으로 쓰세요.

01

□ 시 □ 분

□ 시 □ 분 전

02

□ 시 □ 분

□ 시 □ 분 전

03

□ 시 □ 분

□ 시 □ 분 전

04

□ 시 □ 분

□ 시 □ 분 전

05

□ 시 □ 분

□ 시 □ 분 전

06

□ 시 □ 분

□ 시 □ 분 전

07

□ 시 □ 분

□ 시 □ 분 전

08

□ 시 □ 분

□ 시 □ 분 전

22 B 여러 가지 방법으로 시각 읽기
정각이 되기까지 남은 시간을 구할 수 있어요

긴바늘이 12를 가리키고 있을 때를 정각이라고 합니다. 이때 분은 0입니다.

4시 정각=4 : 00

4시 30분

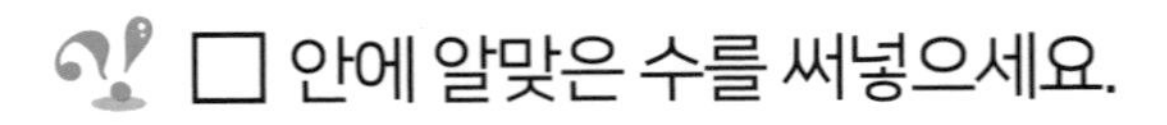

□ 안에 알맞은 수를 써넣으세요.

01

5시 정각까지 □분 남았습니다.

02

9시 정각까지 □분 남았습니다.

03

3시 정각까지 □분 남았습니다.

04

1시 정각까지 □분 남았습니다.

05

12시 정각까지 □분 남았습니다.

06

8시 정각까지 □분 남았습니다.

다음 정각이 될 때까지 몇 분이 남았는지 구하세요.

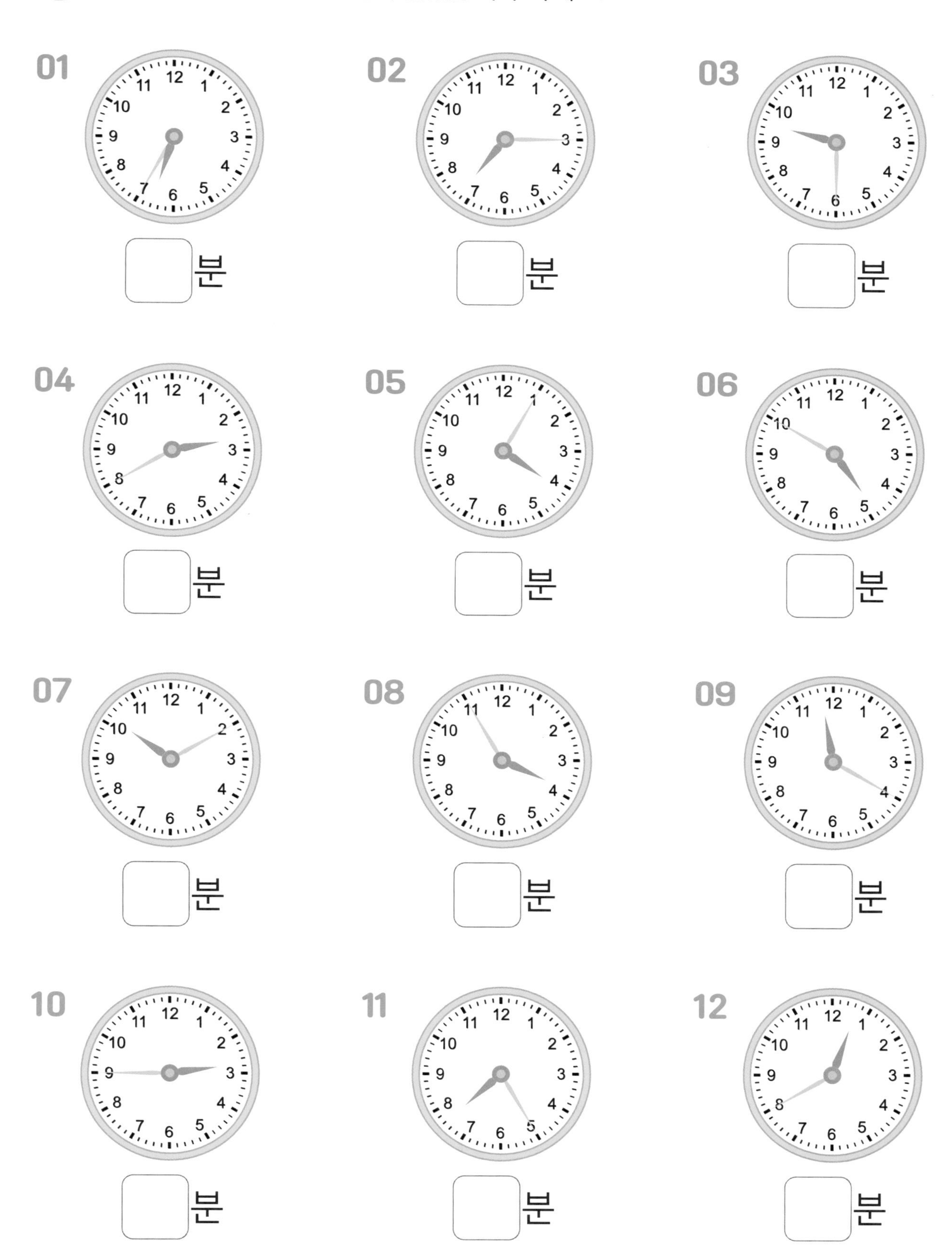

23 Ⓐ 몇 분 후의 시각 구하기

정각까지의 시간을 먼저 생각해요

몇 분 후의 시각을 구할 때는 ① 다음 정각까지 흐른 시간을 먼저 구하고, ② 남은 시간이 지난 시각을 계산합니다.
다음은 2시 50분에서 40분이 지난 시각을 구한 것입니다.

40분 중에서 10분이 지나면 3시 정각이 되고, 30분이 더 지나서 3시 30분이 되는 거야.

40분 후

2시 50분 —① 정각까지 10분 후→ 3시 정각 —② 정각부터 30분 후→ 3시 30분

□ 안에 알맞은 수를 써넣어 몇 분이 지난 시각을 구하세요.

6시 40분에서 50분 후면 20분 후에 정각이 되고, 다시 30분이 더 흐를 거야.

01 6시 40분에서 50분 후

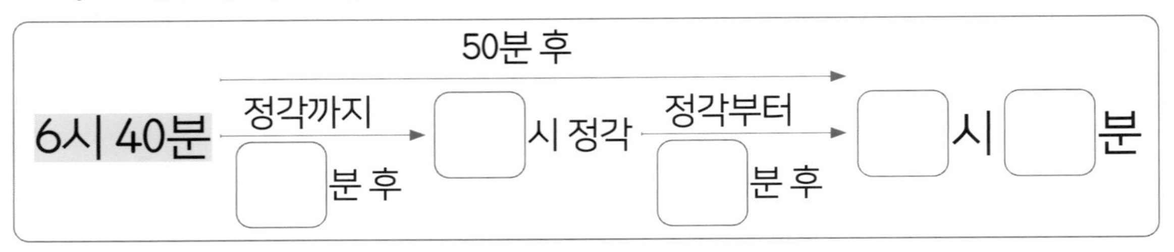

02 1시 30분에서 45분 후

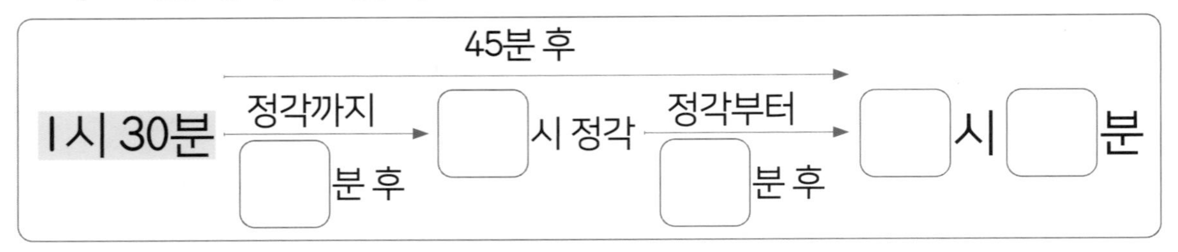

03 4시 55분에서 20분 후

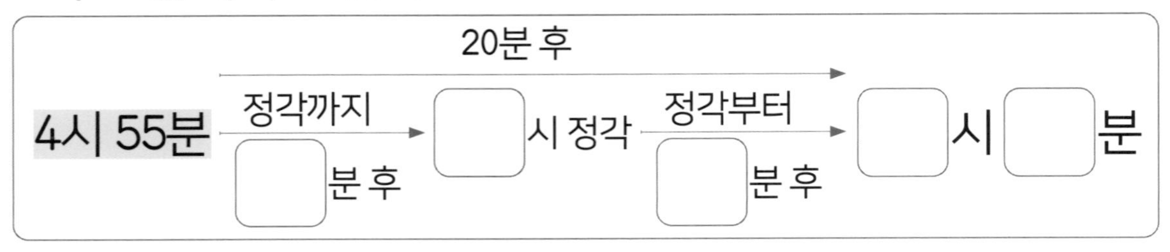

몇 분 후의 시각을 구하세요.

01 10시 40분에서 35분 후

→ ☐시 ☐분

02 6시 25분에서 45분 후

03 4시 10분에서 55분 후

→ ☐시 ☐분

04 3시 30분에서 50분 후

05 5시 25분에서 50분 후

06 7시 35분에서 30분 후

07 9시 15분에서 55분 후

08 4시 40분에서 40분 후

09 6시 55분에서 30분 후

10 1시 35분에서 55분 후

→ ☐시 ☐분

11 2시 50분에서 15분 후

→ ☐시 ☐분

12 8시 55분에서 20분 후

→ ☐시 ☐분

4 PART

23 B 몇 분 후의 시각 구하기를 연습해요

몇 분 후의 시각을 구하세요.

01 2시 30분에서 40분 후

→ ☐시 ☐분

02 4시 30분에서 35분 후

→ ☐시 ☐분

03 7시 25분에서 55분 후

→ ☐시 ☐분

04 5시 50분에서 55분 후

→ ☐시 ☐분

05 1시 45분에서 50분 후

→ ☐시 ☐분

06 8시 30분에서 40분 후

→ ☐시 ☐분

07 3시 40분에서 25분 후

→ ☐시 ☐분

08 4시 20분에서 55분 후

→ ☐시 ☐분

09 5시 55분에서 15분 후

→ ☐시 ☐분

10 9시 45분에서 35분 후

→ ☐시 ☐분

11 3시 25분에서 50분 후

→ ☐시 ☐분

12 2시 55분에서 35분 후

→ ☐시 ☐분

몇 분 후의 시각을 구하세요.

01 5시 30분에서 50분 후

02 3시 55분에서 45분 후

03 8시 50분에서 30분 후

→ □시 □분

04 11시 10분에서 55분 후

→ □시 □분

05 2시 40분에서 45분 후

→ □시 □분

06 7시 30분에서 55분 후

→ □시 □분

07 6시 35분에서 35분 후

→ □시 □분

08 2시 55분에서 10분 후

→ □시 □분

09 10시 45분에서 40분 후

→ □시 □분

10 8시 55분에서 20분 후

→ □시 □분

11 4시 45분에서 30분 후

→ □시 □분

12 5시 35분에서 35분 후

→ □시 □분

4 PART

몇 시간 몇 분 후의 시각 구하기

24 A 몇 시간 몇 분 후의 시각은 몇 시간을 먼저 더해요

몇 시간 몇 분 후의 시각을 구할 때는 ① 몇 시간을 먼저 더하고, ② 다음 정각까지 흐른 시간을 계산하고, ③ 남은 시간이 지난 시각을 계산합니다.
다음은 8시 40분에서 2시간 30분 후의 시각을 구한 것입니다.

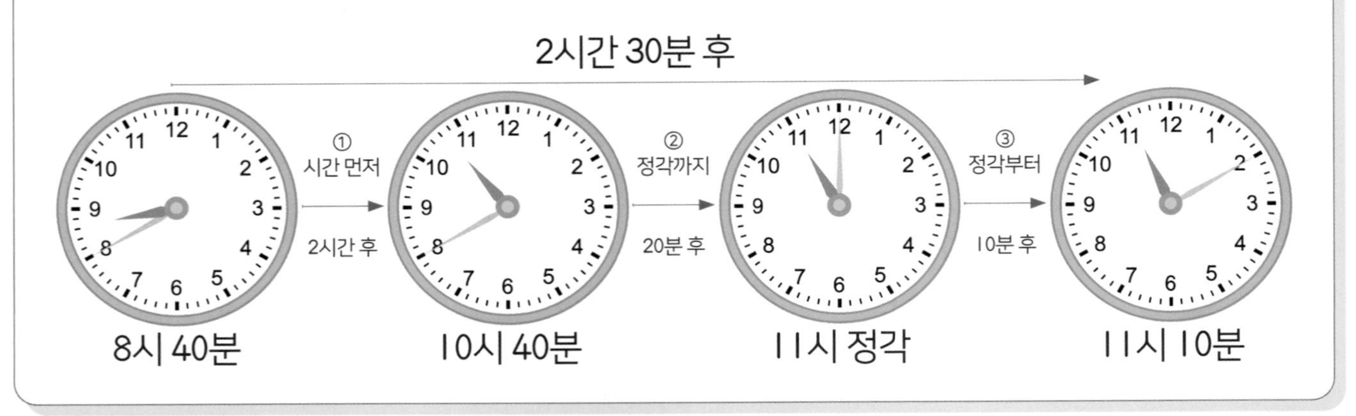

□ 안에 알맞은 수를 써넣어 몇 시간 몇 분이 지난 후의 시각을 구하세요.

01 2시 45분에서 1시간 40분 후

① 1시간 후는 □시 □분
② 다음 정각까지는 □분 후, □시 정각
③ 정각부터는 □분 후, □시 □분

3단계로 나누어서 차례로 구하는 거야.
① 시간 먼저 더하고,
② 정각이 될 때까지 분을 더하고,
③ 나머지 분을 더하면 끝!!

02 6시 20분에서 2시간 50분 후

① 2시간 후는 □시 □분
② 다음 정각까지는 □분 후, □시 정각
③ 정각부터는 □분 후, □시 □분

03 7시 30분에서 3시간 40분 후

① 3시간 후는 □시 □분
② 다음 정각까지는 □분 후, □시 정각
③ 정각부터는 □분 후, □시 □분

몇 시간 몇 분 후의 시각을 구하세요.

01 5시 40분에서 2시간 30분 후

→ □시 □분

02 9시 55분에서 2시간 35분 후

→ □시 □분

03 1시 25분에서 4시간 50분 후

→ □시 □분

04 7시 35분에서 1시간 40분 후

→ □시 □분

05 8시 40분에서 3시간 40분 후

→ □시 □분

06 4시 45분에서 3시간 35분 후

→ □시 □분

07 2시 50분에서 3시간 15분 후

→ □시 □분

08 1시 15분에서 4시간 55분 후

→ □시 □분

09 10시 30분에서 1시간 45분 후

→ □시 □분

10 7시 40분에서 2시간 55분 후

→ □시 □분

11 7시 55분에서 3시간 30분 후

→ □시 □분

12 3시 45분에서 1시간 25분 후

→ □시 □분

24 B 몇 시간 몇 분 후의 시각 구하기를 연습해요

몇 시간 몇 분 후의 시각을 구하세요.

01 7시 40분에서 1시간 30분 후

→ ☐시 ☐분

02 8시 55분에서 3시간 10분 후

→ ☐시 ☐분

03 5시 45분에서 2시간 20분 후

→ ☐시 ☐분

04 4시 25분에서 1시간 50분 후

→ ☐시 ☐분

05 10시 30분에서 1시간 55분 후

→ ☐시 ☐분

06 2시 45분에서 4시간 35분 후

→ ☐시 ☐분

07 1시 35분에서 3시간 40분 후

→ ☐시 ☐분

08 9시 55분에서 2시간 20분 후

→ ☐시 ☐분

09 2시 45분에서 5시간 20분 후

→ ☐시 ☐분

10 5시 35분에서 3시간 35분 후

→ ☐시 ☐분

11 5시 45분에서 4시간 50분 후

→ ☐시 ☐분

12 1시 40분에서 3시간 55분 후

→ ☐시 ☐분

몇 시간 몇 분 후의 시각을 구하세요.

01 3시 55분에서 3시간 15분 후

→ ☐시 ☐분

02 6시 40분에서 3시간 45분 후

→ ☐시 ☐분

03 8시 50분에서 3시간 25분 후

→ ☐시 ☐분

04 6시 30분에서 4시간 50분 후

→ ☐시 ☐분

05 5시 55분에서 3시간 40분 후

→ ☐시 ☐분

06 1시 25분에서 4시간 55분 후

→ ☐시 ☐분

07 7시 35분에서 1시간 30분 후

→ ☐시 ☐분

08 9시 30분에서 1시간 45분 후

→ ☐시 ☐분

09 1시 25분에서 2시간 45분 후

→ ☐시 ☐분

10 4시 40분에서 2시간 25분 후

→ ☐시 ☐분

11 2시 55분에서 2시간 35분 후

→ ☐시 ☐분

12 6시 35분에서 5시간 50분 후

→ ☐시 ☐분

25 시각 구하기 연습

A 얼마의 시간이 흐른 후의 시각을 구해요

몇 분 후, 또는 몇 시간 몇 분 후의 시각을 구하세요.

01 6시 55분에서 30분 후

→ □시 □분

02 4시 40분에서 2시간 35분 후

03 2시 25분에서 55분 후

→ □시 □분

04 3시 35분에서 5시간 45분 후

→ □시 □분

05 7시 45분에서 40분 후

→ □시 □분

06 6시 25분에서 3시간 50분 후

→ □시 □분

07 1시 20분에서 55분 후

→ □시 □분

08 5시 55분에서 2시간 45분 후

→ □시 □분

09 5시 15분에서 50분 후

→ □시 □분

10 2시 15분에서 3시간 55분 후

→ □시 □분

11 11시 30분에서 45분 후

→ □시 □분

12 8시 55분에서 3시간 35분 후

→ □시 □분

시계가 나타내는 시각에서 몇 분 후, 또는 몇 시간 몇 분 후의 시각을 구하세요.

01

45분 후

□시 □분

02

2시간 50분 후

□시 □분

03

45분 후

□시 □분

04

1시간 55분 후

□시 □분

05

55분 후

□시 □분

06

4시간 30분 후

□시 □분

07

25분 후

□시 □분

08

3시간 45분 후

□시 □분

09

35분 후

□시 □분

4 PART

시각 구하기 연습

25 B 시각을 구할 때는 정각을 먼저 생각해요

몇 분 후, 또는 몇 시간 몇 분 후의 시각을 구하세요.

01 4시 35분에서 40분 후

→ □시 □분

02 2시 35분에서 4시간 45분 후

→ □시 □분

03 2시 20분에서 55분 후

→ □시 □분

04 1시 55분에서 2시간 15분 후

→ □시 □분

05 5시 40분에서 25분 후

→ □시 □분

06 9시 45분에서 1시간 30분 후

→ □시 □분

07 7시 45분에서 45분 후

→ □시 □분

08 6시 30분에서 3시간 55분 후

→ □시 □분

09 11시 25분에서 55분 후

→ □시 □분

10 3시 50분에서 2시간 40분 후

→ □시 □분

11 10시 30분에서 40분 후

→ □시 □분

12 7시 45분에서 1시간 50분 후

→ □시 □분

시계가 나타내는 시각에서 몇 분 후, 또는 몇 시간 몇 분 후의 시각을 구하세요.

01

12 1 2 3 4 5 6 7 8 9 10 11

3시간 20분 후

02

45분 후

03

3시간 30분 후

시 분

04

45분 후

시 분

05

2시간 55분 후

시 분

06

55분 후

시 분

07

5시간 40분 후

08

35분 후

시 분

09

3시간 55분 후

시 분

4 PART

몇 분의 시간 구하기

26 A 시각과 시각 사이의 시간을 구할 때도 정각을 먼저 생각해요

시각과 시각 사이의 시간을 구할 때도 ① 시작 시각에서 다음 정각까지 시간을 먼저 구하고, ② 정각에서 끝나는 시각까지의 시간을 계산합니다.
다음은 5시 40분과 6시 20분 사이의 시간을 구한 것입니다.

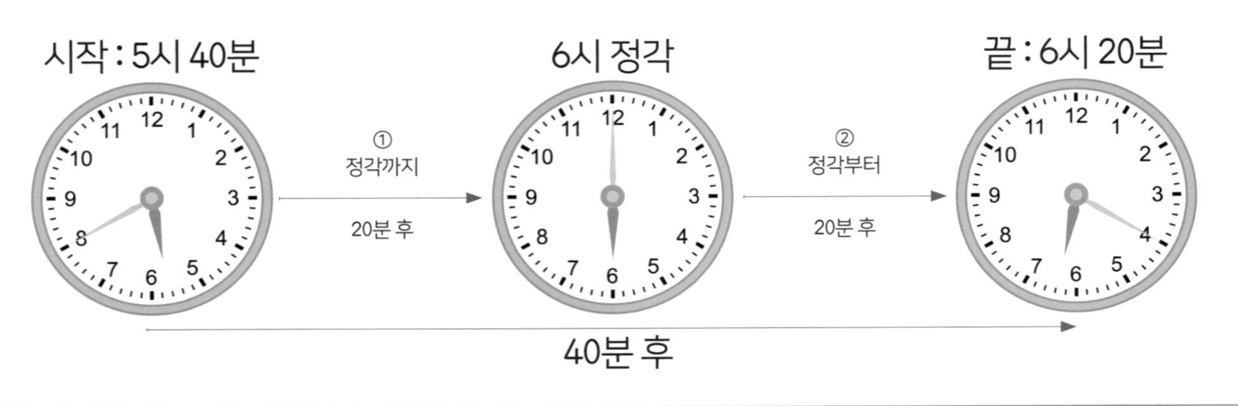

□ 안에 알맞은 수를 써넣어 두 시각 사이가 몇 분인지 구하세요.

01 1시 30분에서 2시 15분까지

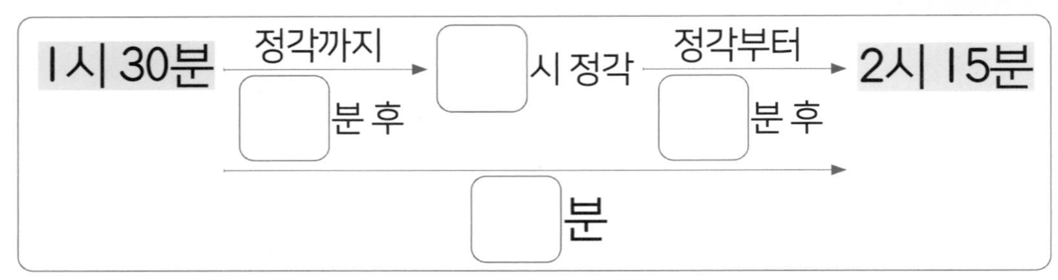

02 3시 50분에서 4시 30분까지

3시 50분 —정각까지 □분 후→ □시 정각 —정각부터 □분 후→ 4시 30분

□분

03 7시 45분에서 8시 10분까지

7시 45분 —정각까지 □분 후→ □시 정각 —정각부터 □분 후→ 8시 10분

□분

두 시각 사이가 몇 분인지 구하세요.

01 5시 35분에서 6시 20분까지

→ ☐ 분

02 9시 20분에서 10시 10분까지

→ ☐ 분

03 7시 15분에서 8시 5분까지

→ ☐ 분

04 6시 40분에서 7시 25분까지

→ ☐ 분

05 4시 45분에서 5시 10분까지

→ ☐ 분

06 8시 55분에서 9시 35분까지

→ ☐ 분

07 10시 25분에서 11시 15분까지

→ ☐ 분

08 2시 25분에서 3시 10분까지

→ ☐ 분

09 1시 55분에서 2시 10분까지

→ ☐ 분

10 4시 50분에서 5시 15분까지

→ ☐ 분

11 4시 45분에서 5시 5분까지

→ ☐ 분

12 7시 15분에서 8시 10분까지

→ ☐ 분

26 B

몇 분의 시간 구하기

정각까지 몇 분, 그리고 정각부터 몇 분으로 나누어서 세어요

두 시각 사이가 몇 분인지 구하세요.

01 4시 45분에서 5시 35분까지

→ ☐분

02 7시 40분에서 8시 15분까지

→ ☐분

03 1시 50분에서 2시 30분까지

→ ☐분

04 5시 35분에서 6시 25분까지

→ ☐분

05 8시 35분에서 9시 10분까지

→ ☐분

06 2시 40분에서 3시 10분까지

→ ☐분

07 7시 50분에서 8시 15분까지

→ ☐분

08 9시 10분에서 10시 5분까지

→ ☐분

09 1시 25분에서 2시 10분까지

→ ☐분

10 4시 50분에서 5시 40분까지

→ ☐분

11 3시 25분에서 4시 5분까지

→ ☐분

12 8시 45분에서 9시 5분까지

→ ☐분

두 시각 사이가 몇 분인지 구하세요.

01 2시 50분에서 3시 45분까지

→ ☐분

02 4시 35분에서 5시 5분까지

→ ☐분

03 9시 20분에서 10시 5분까지

→ ☐분

04 5시 55분에서 6시 30분까지

→ ☐분

05 10시 30분에서 11시 5분까지

→ ☐분

06 1시 25분에서 2시 10분까지

→ ☐분

07 3시 50분에서 4시 20분까지

→ ☐분

08 7시 20분에서 8시 15분까지

→ ☐분

09 5시 40분에서 6시 25분까지

→ ☐분

10 2시 15분에서 3시 5분까지

→ ☐분

11 11시 45분에서 12시 10분까지

→ ☐분

12 8시 50분에서 9시 35분까지

→ ☐분

27 몇 시간 몇 분의 시간 구하기

Ⓐ 몇 시를 먼저 똑같이 만들어요

시각과 시각 사이의 시간을 구할 때 몇 시간 후를 먼저 구할 수도 있습니다. ① 몇 분이 같도록 몇 시간 후를 먼저 구하고, ② 끝나는 시각이 몇 분 전인지, 몇 분 후인지를 계산합니다.
다음은 1시 20분에서 4시 10분까지와 4시 40분까지의 시각을 각각 구한 것입니다.

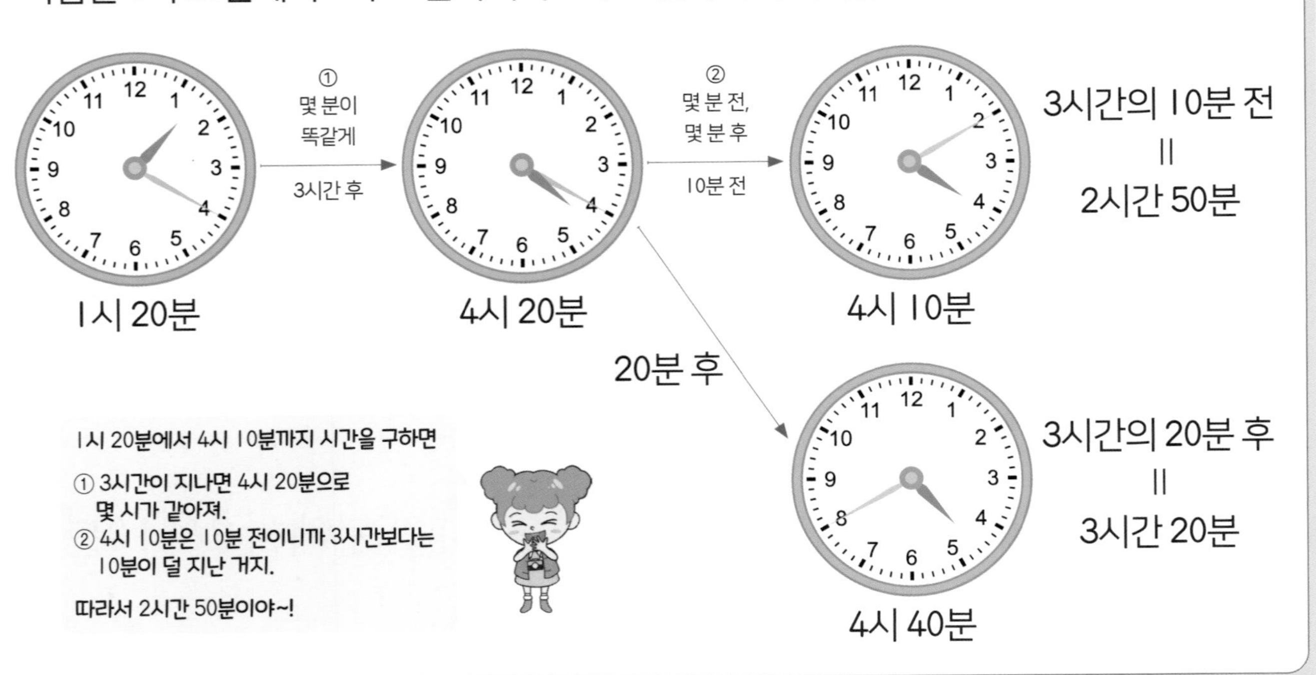

□ 안에 알맞은 수를 써넣어 두 시각 사이가 몇 시간 몇 분인지 구하세요.

01 7시 50분에서 11시 30분까지

① 7시 50분에서 □ 시간 후에 11시 50분

② 11시 50분의 □ 분 전이 11시 30분

③ 7시 50분에서 11시 30분까지는 □ 시간 □ 분

02 3시 40분에서 5시 55분까지

① 3시 40분에서 □ 시간 후에 5시 40분

② 5시 40분의 □ 분 후가 5시 55분

③ 5시 40분에서 5시 55분까지는 □ 시간 □ 분

두 시각 사이가 몇 시간 몇 분인지 구하세요.

01 6시 45분에서 10시 40분까지

→ □시간 □분

02 4시 40분에서 7시 30분까지

→ □시간 □분

03 2시 5분에서 8시 30분까지

→ □시간 □분

04 1시 5분에서 8시 25분까지

→ □시간 □분

05 7시 30분에서 11시 15분까지

→ □시간 □분

06 7시 35분에서 10시 40분까지

→ □시간 □분

07 6시 45분에서 10시 40분까지

→ □시간 □분

08 1시 30분에서 4시 10분까지

→ □시간 □분

09 9시 45분에서 11시 20분까지

→ □시간 □분

10 6시 50분에서 8시 55분까지

→ □시간 □분

11 9시 25분에서 12시 10분까지

→ □시간 □분

12 1시 15분에서 5시 40분까지

→ □시간 □분

B 몇 시간 후의 몇 분 전인지, 몇 분 후인지 계산해요

두 시각 사이가 몇 시간 몇 분인지 구하세요.

01 2시 5분에서 10시 10분까지

→ ☐ 시간 ☐ 분

02 6시 15분에서 9시 5분까지

→ ☐ 시간 ☐ 분

03 9시 30분에서 12시 45분까지

→ ☐ 시간 ☐ 분

04 4시 5분에서 6시 40분까지

→ ☐ 시간 ☐ 분

05 3시 10분에서 6시 5분까지

→ ☐ 시간 ☐ 분

06 3시 40분에서 8시 10분까지

→ ☐ 시간 ☐ 분

07 8시 20분에서 10시 10분까지

→ ☐ 시간 ☐ 분

08 2시 45분에서 7시 20분까지

→ ☐ 시간 ☐ 분

09 5시 40분에서 8시 55분까지

→ ☐ 시간 ☐ 분

10 1시 15분에서 4시 40분까지

→ ☐ 시간 ☐ 분

11 10시 5분에서 12시 15분까지

→ ☐ 시간 ☐ 분

12 3시 55분에서 10시 35분까지

→ ☐ 시간 ☐ 분

두 시각 사이가 몇 시간 몇 분인지 구하세요.

01 3시 15분에서 5시 55분까지

→ ☐시간 ☐분

02 7시 40분에서 10시 25분까지

→ ☐시간 ☐분

03 1시 25분에서 10시 30분까지

→ ☐시간 ☐분

04 6시 10분에서 10시 45분까지

→ ☐시간 ☐분

05 5시 50분에서 12시 15분까지

→ ☐시간 ☐분

06 2시 55분에서 8시 10분까지

→ ☐시간 ☐분

07 2시 5분에서 6시 50분까지

→ ☐시간 ☐분

08 6시 25분에서 9시 20분까지

→ ☐시간 ☐분

09 8시 50분에서 12시 45분까지

→ ☐시간 ☐분

10 4시 20분에서 9시 10분까지

→ ☐시간 ☐분

11 3시 10분에서 9시 25분까지

→ ☐시간 ☐분

12 1시 5분에서 7시 20분까지

→ ☐시간 ☐분

시간 구하기 연습

28 A 시간 구하기를 연습해요

두 시각 사이의 시간을 구하세요.

01 1시 30분에서 7시 20분까지

→ □시간 □분

02 4시 35분에서 5시 20분까지

→ □분

03 3시 25분에서 5시 40분까지

→ □시간 □분

04 2시 50분에서 3시 40분까지

→ □분

05 6시 40분에서 10시 25분까지

→ □시간 □분

06 5시 50분에서 6시 25분까지

→ □분

07 4시 30분에서 6시 5분까지

→ □시간 □분

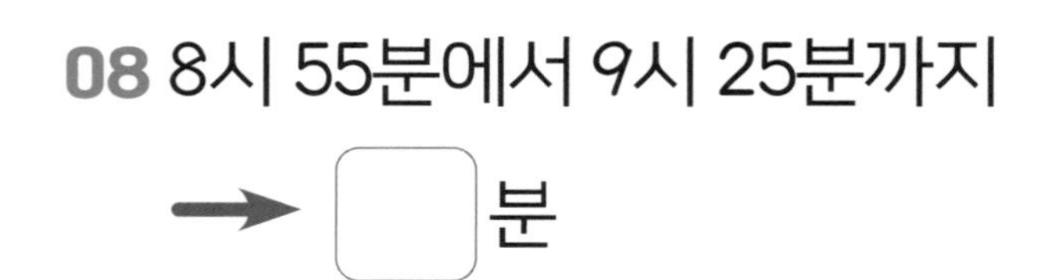

08 8시 55분에서 9시 25분까지

→ □분

09 7시 10분에서 11시 5분까지

→ □시간 □분

10 11시 15분에서 12시 10분까지

→ □분

11 10시 5분에서 12시 35분까지

→ □시간 □분

12 7시 20분에서 8시 10분까지

→ □분

출발 시각과 도착 시각 사이의 시간을 구하세요.

01

출발 시각	2 : 50
도착 시각	7 : 15

→ ☐ 시간 ☐ 분

02

출발 시각	4 : 25
도착 시각	5 : 10

→ ☐ 분

03

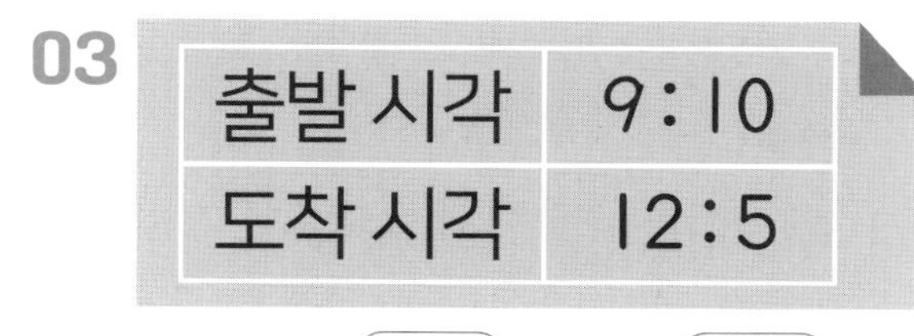

출발 시각	9 : 10
도착 시각	12 : 5

→ ☐ 시간 ☐ 분

04

출발 시각	6 : 40
도착 시각	7 : 20

→ ☐ 분

05

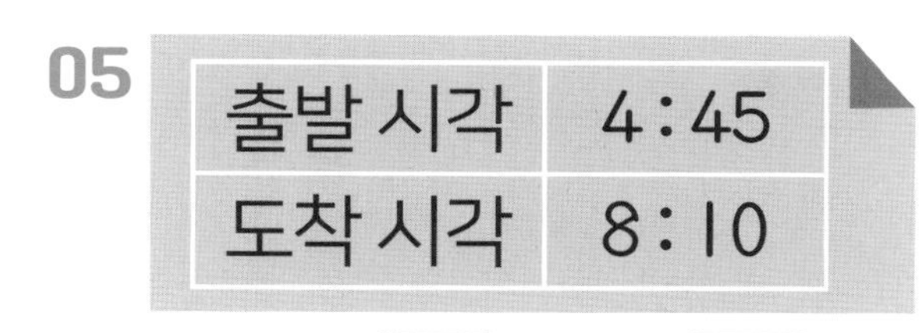

출발 시각	4 : 45
도착 시각	8 : 10

→ ☐ 시간 ☐ 분

06

출발 시각	2 : 35
도착 시각	3 : 10

→ ☐ 분

07

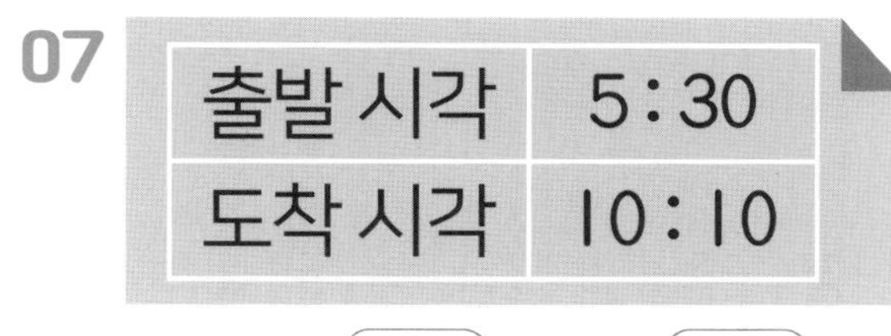

출발 시각	5 : 30
도착 시각	10 : 10

→ ☐ 시간 ☐ 분

08

출발 시각	8 : 45
도착 시각	9 : 35

→ ☐ 분

09

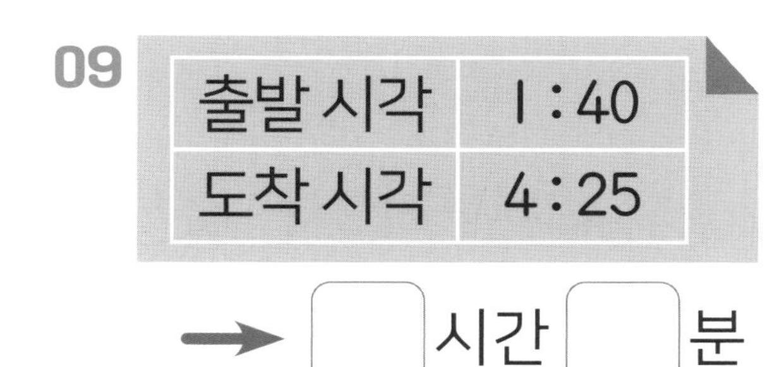

출발 시각	1 : 40
도착 시각	4 : 25

→ ☐ 시간 ☐ 분

10

출발 시각	1 : 50
도착 시각	2 : 20

→ ☐ 분

28 B 시간 구하기 연습

시를 먼저 생각하고 분을 생각해요

두 시각 사이의 시간을 구하세요.

01 2시 20분부터 5시 10분까지

→ ☐시간 ☐분

02 1시 50분부터 2시 25분까지

→ ☐분

03 3시 40분부터 7시 45분까지

→ ☐시간 ☐분

04 9시 15분부터 10시 5분까지

→ ☐분

05 7시 15분부터 10시 10분까지

→ ☐시간 ☐분

06 11시 20분부터 12시 5분까지

→ ☐분

07 10시 5분부터 11시 40분까지

→ ☐시간 ☐분

08 3시 35분부터 4시 25분까지

→ ☐분

09 4시 30분부터 6시 15분까지

→ ☐시간 ☐분

10 8시 55분부터 9시 10분까지

→ ☐분

11 5시 35분부터 8시 15분가지

→ ☐시간 ☐분

12 2시 45분부터 3시 15분까지

→ ☐분

두 시각 사이의 시간을 구하세요.

01 3시 35분 → 6시 10분

□시간 □분

02 4시 15분 → 5시 5분

□분

03 10시 30분 → 12시 10분

□시간 □분

04 6시 50분 → 7시 25분

□분

05 7시 25분 → 11시 5분

□시간 □분

06 3시 45분 → 4시 10분

□분

07 2시 50분 → 8시 20분

□시간 □분

08 9시 55분 → 10시 35분

□분

09 4시 30분 → 9시 15분

□시간 □분

10 1시 40분 → 2시 10분

□분

29 A 시각 구하기를 연습해요

시계가 나타내는 시각에서 몇 분 후, 또는 몇 시간 몇 분 후의 시각을 구하세요.

01

1시간 45분 후

☐ 시 ☐ 분

02

55분 후

☐ 시 ☐ 분

03

45분 후

☐ 시 ☐ 분

04

4시간 15분 후

☐ 시 ☐ 분

05

55분 후

☐ 시 ☐ 분

06

2시간 45분 후

☐ 시 ☐ 분

07

1시간 55분 후

☐ 시 ☐ 분

08

35분 후

☐ 시 ☐ 분

09

3시간 35분 후

☐ 시 ☐ 분

10

50분 후

☐ 시 ☐ 분

11

55분 후

☐ 시 ☐ 분

12

2시간 40분 후

☐ 시 ☐ 분

시계가 나타내는 시각에서 몇 분 후, 또는 몇 시간 몇 분 후의 시각을 구하세요.

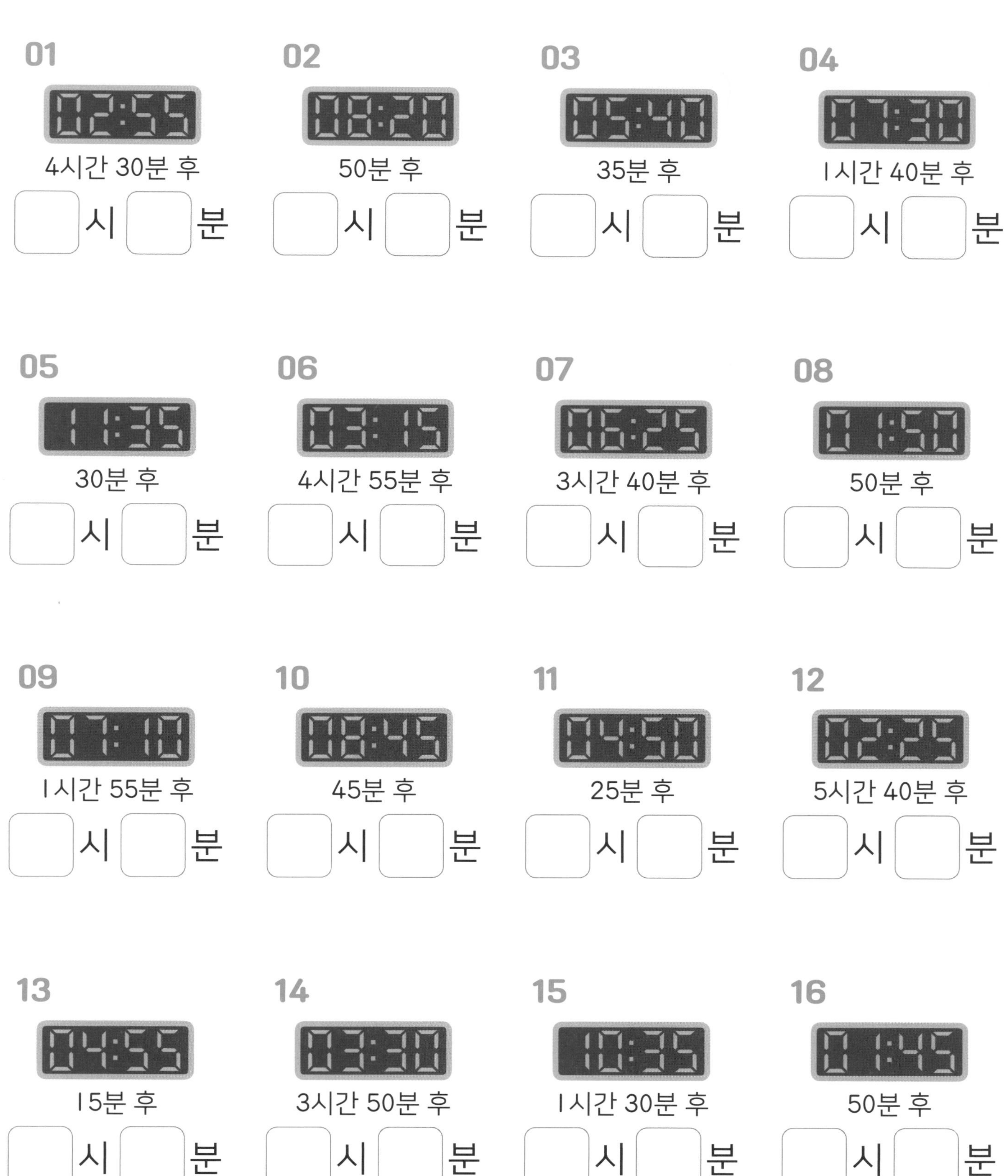

4 PART

29 B 시간 구하기를 연습해요

왼쪽은 숙제를 시작한 시각, 오른쪽은 숙제를 끝낸 시각입니다. 숙제를 몇 분 했는지 구하세요.

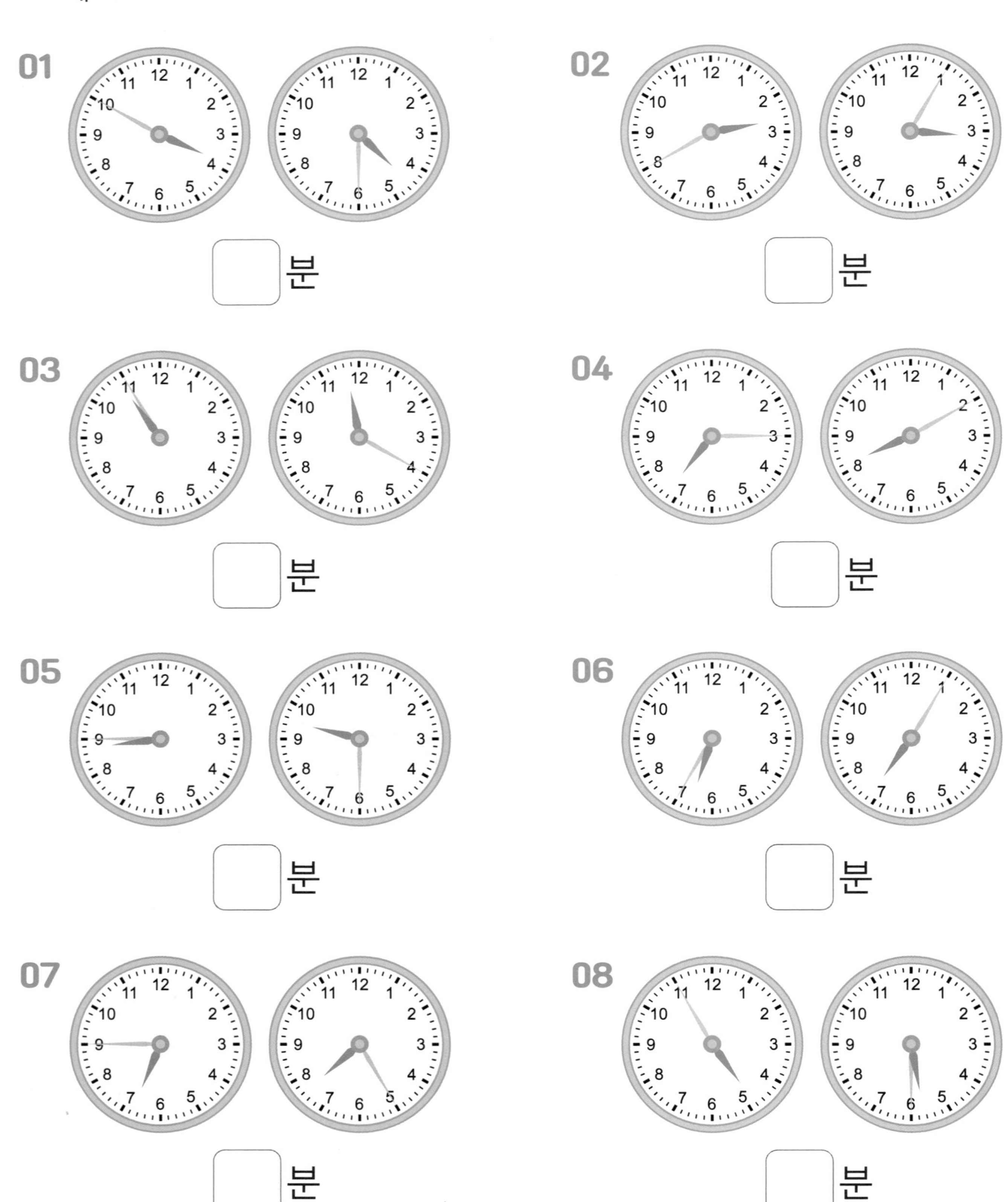

01 ☐분

02 ☐분

03 ☐분

04 ☐분

05 ☐분

06 ☐분

07 ☐분

08 ☐분

위쪽은 영화를 보기 시작한 시각, 아래쪽은 영화가 끝난 시각입니다. 영화를 몇 시간 몇 분 봤는지 구하세요.

01

04:20

07:10

시간 분

02

06:45

09:20

시간 분

03

05:40

07:50

시간 분

04

시간 분

05

05:35

시간 분

06

시간 분

07

시간 분

08

03:10

시간 분

09

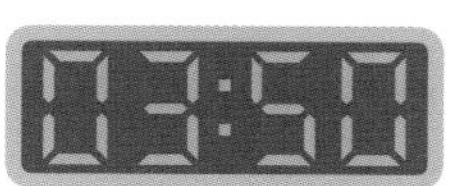

06:40

시간 분

10

07:15

시간 분

11

08:35

시간 분

12

10:05

시간 분

A 12시까지의 시간을 먼저 계산해요

오전에서 몇 시간 후의 시각을 구하는데 12시를 넘어갈 때는 12시까지의 시간과 12시부터의 시간으로 나누어서 계산하면 편합니다.
다음은 오전 8시에서 10시간 후의 시각을 구한 것입니다.

10시간 후

오전 8시 → (12시까지 4시간 후) → 낮 12시 → (12시부터 6시간 후) → 오후 6시

낮 12시를 정오라고 해.

□ 안에 알맞은 수를 써넣어 몇 시간이 지난 후의 시각을 구하세요.

01 오전 11시에서 8시간 후

8시간 후

오전 11시 → (12시까지 □시간 후) → 낮 12시 → (12시부터 □시간 후) → 오후 □시

02 오전 7시에서 7시간 후

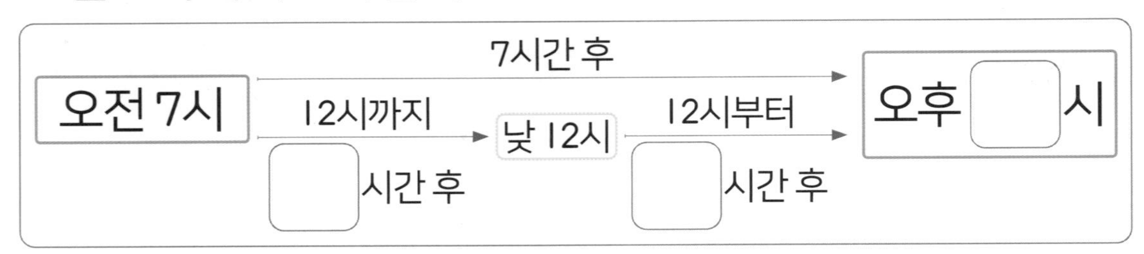

7시간 후

오전 7시 → (12시까지 □시간 후) → 낮 12시 → (12시부터 □시간 후) → 오후 □시

03 오전 10시에서 11시간 후

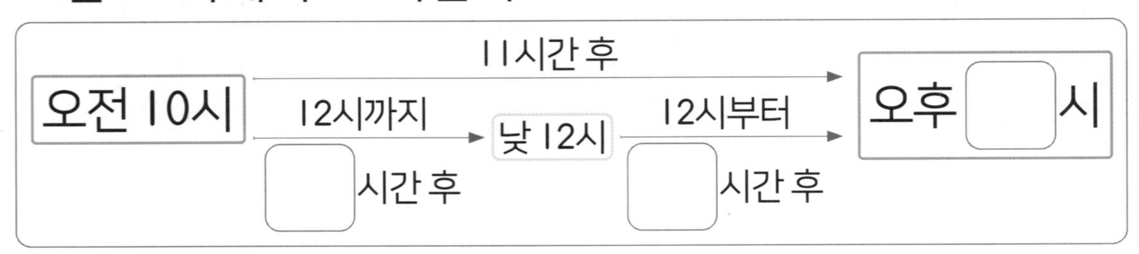

11시간 후

오전 10시 → (12시까지 □시간 후) → 낮 12시 → (12시부터 □시간 후) → 오후 □시

몇 시간이 지난 후의 시각을 구하세요.

01 오전 5시에서 9시간 후

→ 오후 ☐ 시

02 오전 8시에서 5시간 후

→ 오후 ☐ 시

03 오전 4시에서 11시간 후

→ 오후 ☐ 시

04 오전 9시에서 10시간 후

→ 오후 ☐ 시

05 오전 9시에서 8시간 후

→ 오후 ☐ 시

06 오전 7시에서 7시간 후

→ 오후 ☐ 시

07 오전 10시에서 5시간 후

→ 오후 ☐ 시

08 오전 3시에서 10시간 후

→ 오후 ☐ 시

09 오전 8시에서 8시간 후

→ 오후 ☐ 시

10 오전 11시에서 8시간 후

→ 오후 ☐ 시

11 오전 6시에서 10시간 후

→ 오후 ☐ 시

12 오전 10시에서 5시간 후

→ 오후 ☐ 시

오전/오후가 바뀌는 시간 계산

30 B 오전, 오후는 정오를 기준으로 바뀌어요

오전과 오후 사이의 시간을 구할 때는 12시까지의 시간과 12시부터의 시간으로 나누어서 계산하면 편합니다.
다음은 오전 9시에서 오후 5시까지의 시간을 구한 것입니다.

오전 9시 —(12시까지 / 3시간 후)→ 낮 12시 —(12시부터 / 5시간 후)→ 오후 5시

8시간

□ 안에 알맞은 수를 써넣어 두 시각 사이가 몇 시간인지 구하세요.

01 오전 6시에서 오후 4시까지

오전 6시 —(12시까지 / □시간 후)→ 낮 12시 —(12시부터 / □시간 후)→ 오후 4시

□시간

02 오전 10시에서 오후 6시까지

오전 10시 —(12시까지 / □시간 후)→ 낮 12시 —(12시부터 / □시간 후)→ 오후 6시

□시간

03 오전 2시에서 오후 7시까지

오전 2시 —(12시까지 / □시간 후)→ 낮 12시 —(12시부터 / □시간 후)→ 오후 7시

□시간

두 시각 사이가 몇 시간인지 구하세요.

01 오전 8시에서 오후 11시까지

→ ☐시간

02 오전 9시에서 오후 3시까지

→ ☐시간

03 오전 10시에서 오후 1시까지

→ ☐시간

04 오전 6시에서 오후 7시까지

→ ☐시간

05 오전 5시에서 오후 4시까지

→ ☐시간

06 오전 4시에서 오후 1시까지

→ ☐시간

07 오전 2시에서 오후 8시까지

→ ☐시간

08 오전 5시에서 오후 5시까지

→ ☐시간

09 오전 11시에서 오후 6시까지

→ ☐시간

10 오전 6시에서 오후 5시까지

→ ☐시간

11 오전 10시에서 오후 2시까지

→ ☐시간

12 오전 8시에서 오후 7시까지

→ ☐시간

날짜가 바뀌는 시간 계산

31 A 날짜가 바뀌면 오전 12시까지의 시간을 먼저 생각해요

하루를 넘어가는 시각을 구할 때 밤 12시와 낮 12시를 기준으로 시간을 나누어 구할 수 있습니다. 두 가지 경우를 살펴봅시다.

밤 12시를 자정이라고 해.

다음은 오늘 오후 9시에서 13시간이 지난 시각을 구한 것입니다.

13시간 후

오늘 오후 9시 → 밤 12시까지 3시간 후 → 밤 12시 → 밤 12시부터 10시간 후 → 내일 오전 10시

다음은 오늘 오후 8시에서 21시간이 지난 시각을 구한 것입니다.

21시간 후

오늘 오후 8시 → 밤 12시까지 4시간 후 → 밤 12시 → 밤 12시부터 12시간 후 → 낮 12시 → 낮 12시부터 5시간 후 → 내일 오후 5시

□ 안에 알맞은 수를 써넣어 몇 시간이 지난 후의 시각을 구하세요.

01 오늘 오후 5시에서 10시간 후

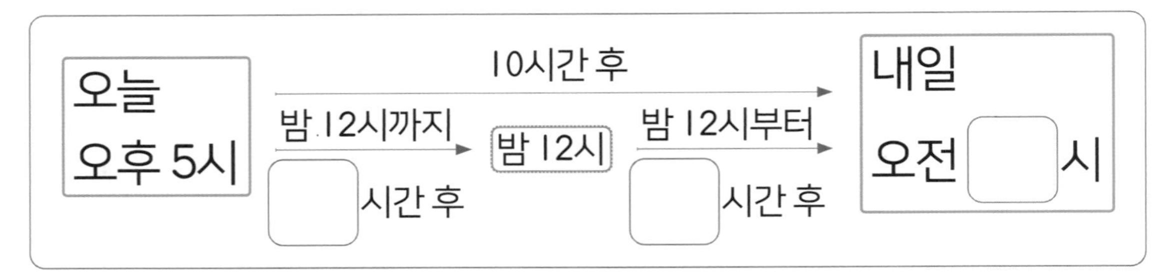

02 오늘 오후 9시에서 20시간 후

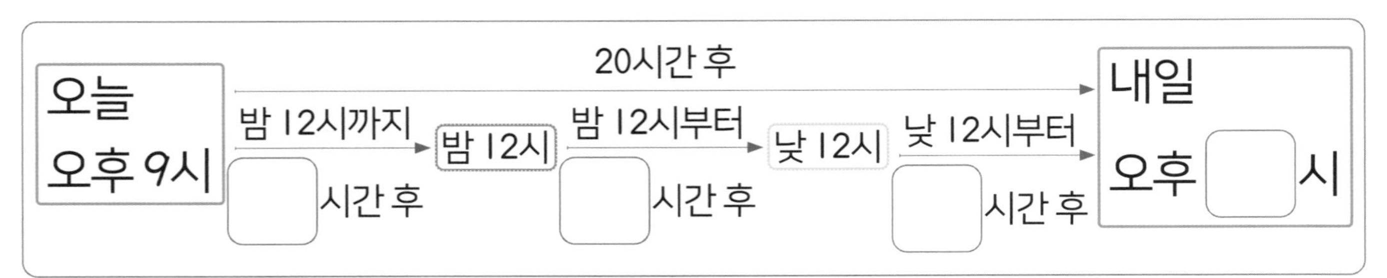

몇 시간이 지난 후의 시각을 구하세요.

01 오늘 오후 3시에서 11시간 후

→ 내일 오전 ☐ 시

02 오늘 오후 8시에서 9시간 후

→ 내일 오전 ☐ 시

03 오늘 오전 6시에서 23시간 후

→ 내일 오전 ☐ 시

04 오늘 오후 9시에서 6시간 후

→ 내일 오전 ☐ 시

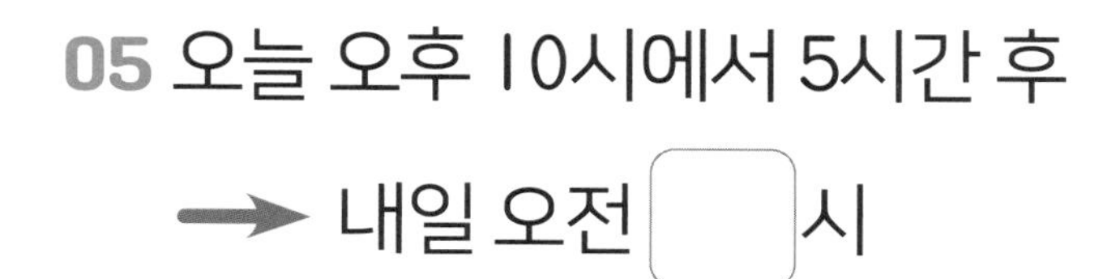

05 오늘 오후 10시에서 5시간 후

→ 내일 오전 ☐ 시

06 오늘 오전 5시에서 20시간 후

→ 내일 오전 ☐ 시

07 오늘 오후 11시에서 2시간 후

→ 내일 오전 ☐ 시

08 오늘 오후 7시에서 9시간 후

→ 내일 오전 ☐ 시

09 오늘 오후 3시에서 29시간 후

→ 내일 오후 ☐ 시

10 오늘 오후 7시에서 24시간 후

→ 내일 오후 ☐ 시

11 오늘 오후 5시에서 22시간 후

→ 내일 오후 ☐ 시

12 오늘 오후 9시에서 19시간 후

→ 내일 오후 ☐ 시

날짜가 바뀌는 시간 계산

B 날짜는 자정을 지나면 바뀌어요

오늘의 시각과 내일의 시각 사이의 시간을 구할 때 밤 12시와 낮 12시를 기준으로 시간을 나누어 구할 수 있습니다. 두 가지 경우를 살펴봅시다.

다음은 오늘 오후 2시와 내일 오전 10시 사이의 시간을 구한 것입니다.

오늘 오후 2시 —(밤 12시까지 10시간 후)→ 밤 12시 —(밤 12시부터 10시간 후)→ 내일 오전 10시

20시간 후

다음은 오늘 오전 9시와 내일 오전 6시 사이의 시간을 구한 것입니다.

오늘 오전 9시 —(낮 12시까지 3시간 후)→ 낮 12시 —(낮 12시부터 12시간 후)→ 밤 12시 —(밤 12시부터 6시간 후)→ 내일 오전 6시

21시간 후

☐ 안에 알맞은 수를 써넣어 두 시각 사이가 몇 시간인지 구하세요.

01 오늘 오후 11시에서 내일 오전 9시까지

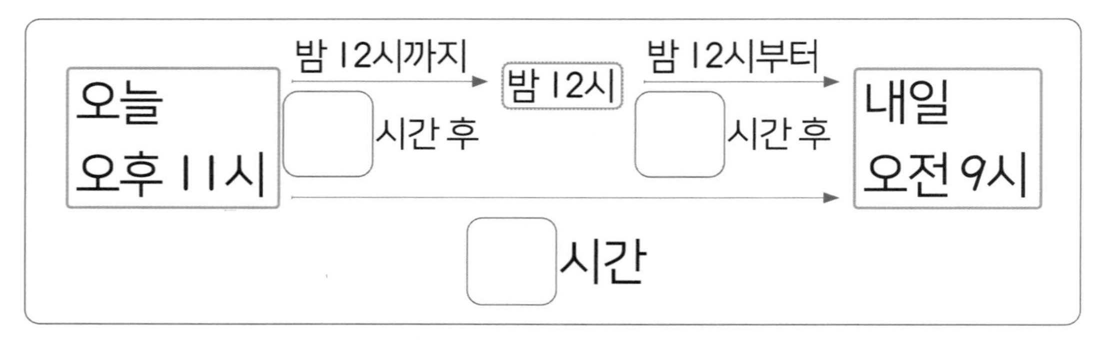

02 오늘 오후 7시에서 내일 오후 2시까지

오늘 오후 7시 —(밤 12시까지 ☐시간 후)→ 밤 12시 —(밤 12시부터 ☐시간 후)→ 낮 12시 —(낮 12시부터 ☐시간 후)→ 내일 오후 2시

☐시간

두 시각 사이가 몇 시간인지 구하세요.

01 오늘 오후 11시에서
내일 오후 10시까지
→ ☐ 시간

02 오늘 오후 2시에서
내일 오후 4시까지
→ ☐ 시간

03 오늘 오후 10시에서
내일 오후 1시까지
→ ☐ 시간

04 오늘 오후 10시에서
내일 오후 7시까지
→ ☐ 시간

05 오늘 오후 6시에서
내일 오전 8시까지
→ ☐ 시간

06 오늘 오후 7시에서
내일 오전 4시까지
→ ☐ 시간

07 오늘 오후 5시에서
내일 오전 9시까지
→ ☐ 시간

08 오늘 오후 3시에서
내일 오전 1시까지
→ ☐ 시간

09 오늘 오전 11시에서
내일 오전 6시까지
→ ☐ 시간

10 오늘 오전 9시에서
내일 오전 8시까지
→ ☐ 시간

11 오늘 오전 4시에서
내일 오전 2시까지
→ ☐ 시간

12 오늘 오전 8시에서
내일 오전 1시까지
→ ☐ 시간

오전/오후와 날짜가 바뀌는 시간 계산 연습

32 A 12시를 넘어가는 시각과 시간을 구해요

몇 시간이 지난 후의 시각을 구하세요.

01 오늘 오후 6시에서 10시간 후

→ 내일 오전 ☐ 시

02 오전 6시에서 11시간 후

→ 오후 ☐ 시

03 오늘 오후 10시에서 9시간 후

→ 내일 오전 ☐ 시

04 오전 4시에서 9시간 후

→ 오후 ☐ 시

05 오늘 오후 5시에서 8시간 후

→ 내일 오전 ☐ 시

06 오전 10시에서 10시간 후

→ 오후 ☐ 시

07 오늘 오전 7시에서 20시간 후

→ 내일 오전 ☐ 시

08 오전 11시에서 5시간 후

→ 오후 ☐ 시

09 오늘 오후 4시에서 13시간 후

→ 내일 오전 ☐ 시

10 오전 8시에서 11시간 후

→ 오후 ☐ 시

11 오늘 오후 9시에서 19시간 후

→ 내일 오후 ☐ 시

12 오전 7시에서 10시간 후

→ 오후 ☐ 시

두 시각 사이가 몇 시간인지 구하세요.

01 같은 날 오전 10시에서 오후 5시까지
→ ☐시간

02 오늘 오후 6시에서 다음 날 오전 9시까지
→ ☐시간

03 같은 날 오전 4시에서 오후 11시까지
→ ☐시간

04 오늘 오후 7시에서 다음 날 오전 6시까지
→ ☐시간

05 같은 날 오전 7시에서 오후 3시까지
→ ☐시간

06 오늘 오후 10시에서 다음 날 오전 2시까지
→ ☐시간

07 같은 날 오전 2시에서 오후 8시까지
→ ☐시간

08 오늘 오후 6시에서 다음 날 오전 10시까지
→ ☐시간

09 같은 날 오전 9시에서 오후 10시까지
→ ☐시간

10 오늘 오후 11시에서 다음 날 오후 1시까지
→ ☐시간

11 같은 날 오전 6시에서 오후 5시까지
→ ☐시간

12 오늘 오전 4시에서 다음 날 오전 6시까지
→ ☐시간

이런 문제를 다루어요

01 시계가 가리키는 시각을 쓰세요.

02 □ 안에 알맞은 수를 써넣으세요.

1시간 20분＝□분　　　215분＝□시간 □분

2일 5시간＝□시간　　　80시간＝□일 □시간

03 경수가 대전에서 출발하여 부산에 도착한 시각입니다. 대전에서 부산까지 걸린 시간을 구하세요.

출발 시각　　도착 시각

04 영주와 현서가 등산을 시작한 시각과 끝낸 시각입니다. 등산을 더 오래 한 사람은 누구인지 구하세요.

	시작한 시각	끝낸 시각
영주	1시 35분	3시 20분
현서	4시 40분	5시 50분

답 : ________

05 서주네 가족은 오전 9시에 여행지로 출발하여 다음날 오후 8시에 집으로 돌아오려 합니다. 서주네 가족이 여행하는 데 걸린 시간은 모두 몇 시간일까요?

06 정민이는 1시간 40분 동안 축구 연습을 했습니다. 축구 연습을 마친 시각이 6시 30분이라면 축구 연습을 시작한 시각은 몇 시 몇 분일까요?

07 대화를 읽고 비가 내리기 시작한 시각과 비가 그친 시각을 구하세요.

3시 10분 전에 비가 내리기 시작했어.

5시 5분 전에 비가 그쳤어.

☐시 ☐분 ☐시 ☐분

한 줄에는 딱 1개의 ○

[보기]와 같이 가로, 세로, 대각선으로 ○가 딱 1개만 있도록 ○ 4개를 그려 넣으세요.

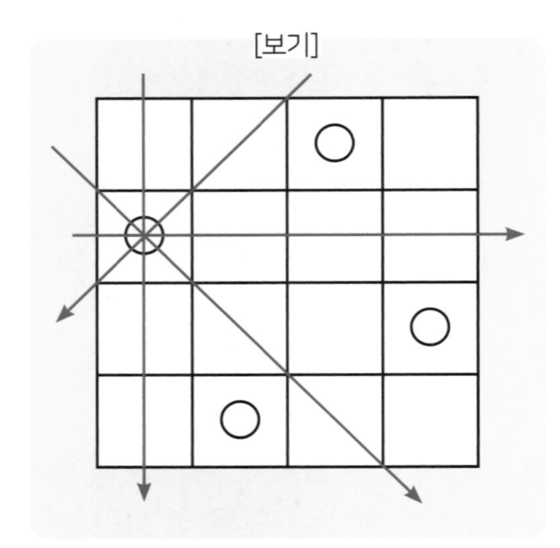

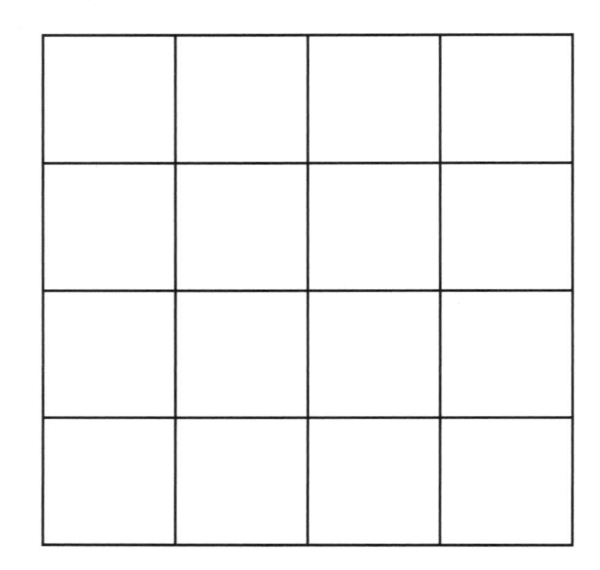

[보기]와 다른 방법이
있으니까 잘 생각해 봐~